MIX
Papier aus verantwortungsvollen Quellen
Paper from responsible sources
FSC® C105338
FSC
www.fsc.org

Timo Stumpenhagen

Social Media Marketing im Business-to-Business-Unternehmen

Diplomica® Verlag GmbH

Stumpenhagen, Timo: Social Media Marketing im Business-to-Business-Unternehmen. Hamburg, Diplomica Verlag GmbH 2013

ISBN: 978-3-8428-8270-6
Druck: Diplomica® Verlag GmbH, Hamburg, 2013

Bibliografische Information der Deutschen Nationalbibliothek:
Die Deutsche Nationalbibliothek verzeichnet diese Publikation in der Deutschen Nationalbibliografie; detaillierte bibliografische Daten sind im Internet über http://dnb.d-nb.de abrufbar.

Die digitale Ausgabe (eBook-Ausgabe) dieses Titels trägt die ISBN 978-3-8428-3270-1 und kann über den Handel oder den Verlag bezogen werden.

Inhaltsverzeichnis

1. Einleitung

Das Social Media Marketing hat in den vergangenen Jahren zunehmend an Bedeutung gewonnen und einen wichtigen Bestandteil in der Kommunikationspolitik eingenommen. Parallel zu den klassischen Marketingkanälen haben die meisten Unternehmen auf Business-to-Customer-Märkten (B2C) bereits eine Social Media Marketing Strategie in die Marketingstrategie integriert und können große Vorteile aus diesem neuen Typ von Werbekanal ziehen.

Eine offene Frage stellt die Bedeutung des Social Media Marketings für Unternehmen auf Business-to-Business-Märkten (B2B) dar. Grundsätzlich unterscheiden sich die Strategie und die Auswirkungen von Marketingmaßnahmen auf B2B- und B2C-Märkten. Diese Untersuchung soll im Fokus die Möglichkeiten und Grenzen des Social Media Marketings im B2B-Bereich aufzeigen und die Leitfrage "Ist Social Media Marketing auch für Unternehmen auf Business-to-Business-Märkten erfolgreich umzusetzen?“ beantworten.

Die Analyse über die Möglichkeiten und Grenzen des Social Media Marketings auf Business-to-Business-Märkten soll zu der Beantwortung der Leitfrage führen. Darüber hinaus wird eine Einschätzung abgegeben, unter welchen Umständen und mit welchen Mitteln B2B-Unternehmen das Social Media Marketing erfolgreich einsetzen können.

Zunächst soll die Historie und der Status Quo des Social Media Marketings im Allgemeinen dargestellt werden. Es folgt eine Voruntersuchung von B2B-Unternehmen in Deutschland. Im Hauptteil werden die Möglichkeiten und Grenzen des Social Media Marketings auf B2B-Märkten erläutert sowie die relevanten sozialen Netzwerke in Deutschland vorgestellt. Ein Praxisbeispiel eines B2B-Unternehmens ergänzt die Analyse.

Um den Status und die Historie des Social Media Marketings auf B2B- und B2C-Märkten zu analysieren, wird auf die bestehende Literatur zurückgegriffen. Das Thema Social Media Marketing ist ein relativ neuer Typ von Werbekanal in der Kommunikationspolitik und wird in der Literatur daher erst seit einigen Jahren beschrieben. Diese Arbeit stützt sich in dieser Hinsicht auf die bestehende nationale und internationale Literatur sowie Artikel im Internet. Die daraus resultierenden Ergebnisse sollen einen Eindruck über die Bedeutung des Social Media Marketings für B2B-Unternehmen geben.

Um die Möglichkeiten und Grenzen des Social Media Marketings auf B2B-Märkten zu analysieren, wurde eine Umfrage zum Nutzerverhalten von verschiedenen Social Media Marketing Kanälen erstellt. Um die große Auswahl an erfolgreichen Fallbeispielen von Social Media auf B2C-Märkten zu ergänzen, wurde ein Interview mit einem Unternehmen geführt, welches das Social Media Marketing bereits erfolgreich auf einem B2B-Markt umgesetzt hat.

Die Analyse und die Umfrage sind Voraussetzung für die Beantwortung der Leitfrage und Einschätzung der Möglichkeiten und Grenzen des Social Media Marketings auf B2B-Märkten. Das Interview soll die Erkenntnisse aus der Umfrage weiterführen und ein aktuelles Beispiel für erfolgreiche Implementierung von Social Media in der Marketingstrategie darstellen.

2. Social Media Marketing

2.1 Definition

„Social Media bezeichnet eine Vielfalt digitaler Medien und Technologien, die es Nutzern ermöglicht, sich untereinander auszutauschen und mediale Inhalte einzeln oder in Gemeinschaft zu gestalten. Die Interaktion umfasst den gegenseitigen Austausch von Informationen, Meinungen, Eindrücken und Erfahrungen sowie das Mitwirken an der Erstellung von Inhalten. Die Nutzer nehmen durch Kommentare, Bewertungen und Empfehlungen aktiv auf die Inhalte Bezug und bauen auf diese Weise eine soziale Beziehung untereinander auf. Die Grenze zwischen Produzent und Konsument verschwimmt. Diese Faktoren unterscheiden Social Media von den traditionellen Massenmedien. Als Kommunikationsmittel setzt Social Media einzeln oder in Kombination auf Text, Bild, Audio oder Video und kann plattformunabhängig stattfinden."[1]

Das Social Media Marketing ist demnach ein neues Marketinginstrument, welches sich im Marketing-Mix innerhalb der Kommunikationspolitik ansiedeln lässt. Im Mittelpunkt steht dabei die Kommunikation mit dem Kunden.[2] „Der Grundgedanke hinter dem Social Media Marketing ist, das Soziale (die Gemeinschaft) durch seine Medien (Kommunikation und Tools) nutzbar zu machen, um bei einem breiten Publikum Marketing zu betreiben."[3] Einer der Hauptziele des Social Media Marketings ist der Erwerb von Vertrauen und Unterstützung beim Kunden. Darüber hinaus lässt sich das Social Media Marketing parallel zu den traditionellen Werbekanälen einsetzen, um Produkte, Services oder Marken bekannter zu machen. Das Augenmerk für das Unternehmen sollte dabei stets auf der Kommunikation mit der Community[4] liegen.[5] Die Community umfasst dabei nicht nur die Kunden, sondern auch andere Zielgruppen wie Interessenten, Stakeholder oder Lieferanten eines Unternehmens.

Ein wichtiger Bestandteil des Social Media Marketings sind die sozialen Netzwerke (engl.: Social Networks). Hierbei handelt es sich um Social Media-Plattformen, um Content[6] zu teilen. Die bekanntesten sozialen Netzwerke in Deutschland sind Facebook,

---

[1] Vgl. http://www.markenkunde.de/2009
[2] Vgl. Weinberg, T. (2010), S. XV
[3] Weinberg, T. (2010), S. XV
[4] Community: engl. für Gemeinschaft – Gruppe von Menschen mit gemeinsamen Interessen
[5] Vgl. Weinberg, T. (2010), S. 4-5
[6] Content: engl. für Inhalte, welche in einem sozialen Netzwerk geteilt werden können

Twitter, Google+ und Xing. Die Social Networks sind meist Webseiten-basiert, das heißt sie können über das Internet aufgerufen werden. Die meisten Social Networks haben den Wandel der Zeit erkannt und lassen sich auch als App[7] auf dem Smartphone installieren.[8]

2.2 Historie

„In den ersten zehn Jahren der Internetrevolution drehte sich im Internet alles darum, Computer miteinander zu verbinden .. in den nächsten zehn Jahren wird sich alles darum drehen, Menschen miteinander zu verbinden."[9]

Die Internetrevolution und der damit verbundene Wandel im Lebensstil und im Freizeitverhalten der Menschen forderte auch im Bereich des Marketings eine Anpassung an die neuen Gegebenheiten. Zu Beginn des 21. Jahrhundert waren die großen Portale - wie zum Beispiel AOL und Yahoo - die zentrale Schnittstelle für Internetnutzer.

In diesem Zeitraum veränderte sich auch das Kommunikationsverhalten der Menschen. Zur Jahrtausendwende stieg die Anzahl der Besitzer von Computern, Digitalkameras und Handys rasant an. In Verbindung dazu wurden auch die meisten Computer mit schnellen Breitbandzugängen ausgestattet, um das Internet rund um die Uhr nutzen zu können. In dieser Phase der Veränderung entwickelte sich ebenfalls der Trend in Richtung von sozialen Netzwerken. 2003 wurde mit MySpace das erste größere soziale Netzwerk gegründet. Wenige Monate später wurde der Kurznachrichtendienst Twitter gegründet, welcher bis heute eines der wichtigsten sozialen Netzwerke darstellt. Als im Jahre 2005 YouTube aufkam, war das Internet bereits fest in den Lebensablauf der Internetnutzer implementiert. Nur ein Jahr später veröffentlichte Marc Zuckerberg mit Facebook das heutzutage größte soziale Netzwerk der Welt. Mit einigen Jahren Rückstand folgte Mitte 2011 das vom Marktführer der Suchmaschinen veröffentlichte Netzwerk Google". Unter dem Motto „Teilen wie im richtigen Leben, neu erfunden für das Web" versucht man seitdem in Konkurrenz zu dem derzeit größten sozialen Netzwerk Facebook zu treten.[10]

Durch die Veränderung aufgrund des Internets und der sozialen Netzwerke veränderte

---

[7] App: Abk. für Applikation – Anwendungen welche auf dem Smartphone installiert werden können
[8] Vgl. Weinberg, T. (2010), S. X
[9] Weinberg, T. (2010), S. X
[10] http://gplusproject.appspot.com/static

sich auch die Wirkungsweise von den klassischen Medien. Informationen sind online leichter zugänglich und lassen sich schneller und einfacher finden. Fast ein Viertel der im Internet verbrachten Zeit nimmt das Nutzen der sozialen Netzwerke ein (siehe Abbildung 1, Seite 5). Vor einem Jahr waren es nur 14 Prozent der Online-Zeit gewesen.

Abbildung 1 - Online-Nutzung in Deutschland
entnommen aus: http://www.bitkom.org/71219_71209.aspx

In der heutigen Zeit ist das Senden von E-Mails, das Einkaufen in Online-Shops sowie die Aktivität in sozialen Netzwerken eine Selbstverständlichkeit geworden. „Wenn ein Verbraucher Informationen über ein bestimmtes Produkt heraussucht, setzt er sich nicht unbedingt mit einem Kaffee hin und liest seine Lieblingszeitschrift, um diese Produktinformationen zu finden, sondern er schaltet seinen Computer ein und sucht nach Bewertungen und Empfehlungen von anderen, ihm ähnlichen Menschen."[11]

2.3 Status Quo

Im Jahr 2011 ist die Zahl der weltweiten Internetnutzer auf über 2,1 Milliarden angestiegen. Damit hat sich die Zahl der aktiven Internetnutzer in den letzten zehn

[11] Weinberg, T. (2010), S. 7

Jahren fast versechsfacht. Im Jahr der Jahrtausendwende lag die Anzahl der Nutzer bei circa 360 Millionen.[12]

Eine im April 2012 veröffentlichte Studie des Meinungsforschungsinstitutes Aris zeigt, dass in Deutschland aktuell 75,8 Prozent der Bevölkerung das Internet nutzen. Dies bedeutet, dass mehr als 53 Millionen deutsche Bürger über 14 Jahren online sind. Auch die klassischen Werbemedien wie Fernsehen, Radio, Tageszeitungen und Zeitschriften werden weiterhin genutzt. Beim Fernsehen gibt es mit 99 Prozent Verbreitung nahezu eine Vollversorgung. Die sozialen Netzwerke werden inzwischen von 55 Prozent der deutschen Bevölkerung genutzt. Dies entspricht einer Zahl von 39 Millionen Deutschen. Betrachtet man die Generation der 14- bis 29-Jährigen, fällt der Wandel in der Mediennutzung noch deutlicher aus. Die Situation hat sich hier bereits gedreht und mit 98 Prozent nutzen mehr junge Deutsche das Internet, als mit 97 Prozent das Fernsehen (siehe Abbildung 2, Seite 6).[13]

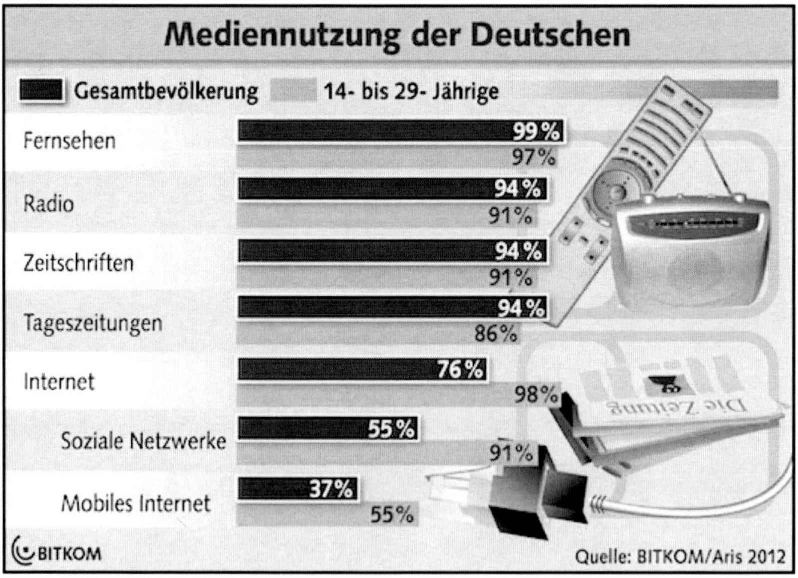

Abbildung 2 - Mediennutzung in Deutschland 2012
entnommen aus: http://www.bitkom.org/de

Ein weiterer wichtiger Aspekt stellt die Nutzung vom mobilen Internet dar. Bereits 37 Prozent der Bürger in Deutschland – also 26 Millionen Menschen – nutzen das mobile

[12] Vgl. http://www.zdnet.de/41559492
[13] Vgl. http://www.bitkom.org/de

Internet auf ihrem Handy oder Tablet.[14] In der Generation der 14- bis 29-jährigen ist es mit 55 Prozent bereits über die Hälfte der betreffenden Altersgruppe. Flächendeckende Verfügbarkeit und Flatrates für die Datentarife tragen bei den jungen Menschen zu der hohen Popularität bei.

Zu Beginn des Jahres 2012 war „Facebook“ die unangefochtene Nummer 1 der sozialen Netzwerke in Deutschland und weltweit. Über 955 Millionen Nutzer weltweit zählt das seit Mai 2012 börsennotierte Unternehmen aktuell, davon knapp 39 Millionen Mitglieder in Deutschland.[15] Der Kurznachrichtendienst „Twitter“ erreichte im Juli 2012 die 500 Millionen-Grenze weltweit.[16] In Deutschland wächst „Twitter“ nicht annähernd so stark wie in anderen Ländern und zählt daher eine verhältnismäßig geringe Nutzerzahl von circa 4,4 Millionen in Deutschland.[17] Der vor einem Jahr gestartete Facebook-Konkurrent „Google+“ konnte die starken Zuwächse der ersten Monate seit der Veröffentlichung 2011 nicht langfristig halten. 250 Millionen Mitglieder[18] in knapp einem Jahr sind trotzdessen eine beachtliche Nutzerzahl – speziell wenn man bedenkt, dass „Google+“ sehr ähnliche Möglichkeiten wie „Facebook“ bietet. In Deutschland nutzen circa 4,3 Million Nutzer[19] das soziale Netzwerk von Google. Damit liegt das zuletzt gegründete große Netzwerk in Deutschland bereits knapp hinter dem Kurznachrichtendienst „Twitter“. Ein noch relativ zurückhaltend genutztes Netzwerk stellt die Karriereplattform LinkedIn mit 1,7 Millionen Mitgliedern in Deutschland dar, welches jedoch weltweit mit 175 Millionen Nutzern[20] zu den größten Social Networks gehört.[21] “LinkedIn“ versucht sich dabei speziell auf die beruflichen Kontakte zu konzentrieren.

Neben den bereits genannten internationalen Netzwerken Facebook, Twitter, Google+ und LinkedIn existieren in Deutschland auch nationale soziale Netzwerke. Seitdem sich die großen Social Networks – allen voran Facebook – auch in Deutschland verbreitet haben, geht es mit den deutschen sozialen Netzwerken bergab. Zu den erfolgreichsten deutschen sozialen Netzwerken zählen aktuell die „VZ-Netzwerke“, „wer-kennt-wen“,

---

[14] Tablet: Tragbarer, leichter Computer mit Touchscreen, z.B. Apple iPad
[15] Vgl. http://allfacebook.de/zahlen_fakten
[16] Vgl. http://www.socialmediastatistik.de/twitter-hat-jetzt-mehr-als-500-millionen-nutzer
[17] Vgl. http://t3n.de/news
[18] Vgl. http://www.socialmediastatistik.de/250-mio-nutzer-bei-google-plus-75-mio-sind-taglich-aktiv
[19] Vgl. http://g-plusblog.de/google-plus-neuigkeiten
[20] Vgl. http://www.spiegel.de/wirtschaft
[21] Social Networks: engl. für soziale Netzwerke, z.B. Facebook, Twitter

„Xing“, „Stayfriends“ und „Lokalisten“. Im Juni 2011 hatten diese Netzwerke zusammen noch knapp 330 Millionen Mitglieder. Ein Jahr später kommen die fünf deutschen Netzwerke auf nur noch 128 Millionen Mitglieder – dies entspricht einem Rückgang der Userzahlen von über 60 Prozent (siehe Abbildung 3, Seite 8).[22] Bei den beiden größten deutschen Netzwerken „VZ-Netzwerke“ und „wer-kennt-wen“ sinken die Nutzerzahlen rapide, während es wohl bei den „Lokalisten“ nur noch eine Frage der Zeit ist, bis das Netzwerk geschlossen wird.

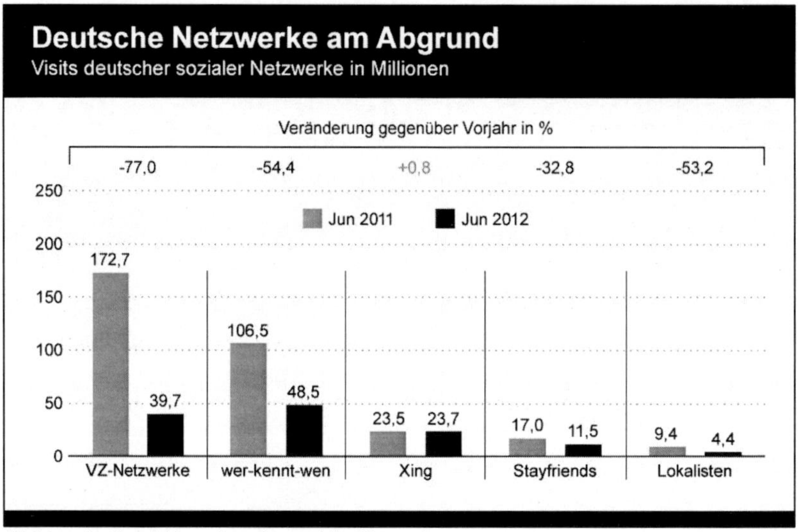

Abbildung 3 - Entwicklung deutscher sozialer Netzwerke
entnommen aus: http://www.futurebiz.de/artikel

Die einzige positive Ausnahme bei den deutschen Netzwerken stellt das Karrierenetzwerk Xing dar. Xing war im vergangenen Jahr das einzige deutsche Netzwerk, welches keine Verluste an Mitgliederzahlen hinnehmen musste. Im Vergleich zum Vorjahr konnte Xing sogar minimal zulegen. Diese Entwicklung prognostiziert, dass Xing in naher Zukunft das erfolgreichste deutsche soziale Netzwerk sein wird.[23] Die gute Positionierung als Berufsnetzwerk wird vor allem von den zukünftigen Aktionen Facebooks abhängig sein, da auch Facebook das Erfolgsrezept von LinkedIn und Xing bemerkt und Interesse daran hat, ähnliche Funktionen in das eigene Netzwerk zu integrieren.

[22] Vgl. http://www.futurebiz.de/artikel
[23] Vgl. http://www.futurebiz.de/artikel

3. Social Media Marketing auf B2B-Märkten

3.1 Aufbau und Methode der Analyse

3.1.1 Studien

„At the end of the day, you´re in business to delight your customers. It really doesn´t matter whether you´re in the B2B or B2C space – get as close to your end users as you can and listen to their needs. You´ll realize more quickly what doesn´t work and apply those insights to create products, services and experiences that do delight."[24]

Das Thema Social Media Marketing wurde in den letzten Jahren immer häufiger erforscht und analysiert. Die bestehenden Analysen und die bisher erschienene Literatur setzen sich dabei fast ausschließlich mit den Möglichkeiten und Grenzen zwischen Unternehmen und Business-to-Customer Kunden auseinander. Das Ergebnis der Studien zu diesem Thema fallen durchweg positiv aus – Social Media Marketing ist für die meisten Unternehmen auf B2C-Märkten eine sinnvolle Ergänzung zu den klassischen Werbekanälen. Ausgehend von diesen Erkenntnissen stellt sich die Frage, ob sich die vielen Vorteile von Social Media Marketing auch für Unternehmen mit vorwiegenden B2B-Geschäftsbeziehungen abbilden lassen. Der Hauptteil dieser Untersuchung beschäftigt sich daher mit der Analyse von den Chancen und Risiken des Social Media Marketings für Unternehmen auf Business-to-Business-Märkten. Aufgrund der kaum vorhandenen Literatur in Deutschland wurden verschiedene Methoden zur Analyse der Möglichkeiten und Grenzen eingesetzt. Hierbei wurde die Situation in den Vereinigten Staaten von Amerika mithilfe der amerikanischen Literatur zu dem Thema überprüft. Es wurde analysiert, ob die gewonnen Erkenntnisse auch für Unternehmen auf deutschen B2B-Märkten zutreffen. Auffällig ist hierbei, dass in Deutschland bezüglich dieses Themas Nachholbedarf besteht.[25] Die Analysen aus dem Ausland wurden mit den bisher wenigen vorhandene Studien aus Deutschland verglichen. Dazu zählen vor allem eine Untersuchung der Virtual Idendity AG zur „Webnutzung deutscher B2B-Entscheider" aus dem Jahr 2009[26] sowie eine Studie zum Thema „Social Media in der B2B-Kommunikation" im Rahmen eines Lehrforschungsobjektes im PR-Schwerpunkt des Studiengangs Online-Journalismus an

---

[24] Bodnar, K. / Cohen, L. (2012), S. 193
[25] Vgl. Pleil, T. (2010), S. 12
[26] Vgl. Lachenmeier, S. (2009)

der Hochschule in Darmstadt im Jahr 2010.[27] Eine weitere interessante Studie aus den USA zum Nutzerverhalten von B2B-Entscheidern ergänzt die vorliegenden Studien.[28]

3.1.2 Umfrage

Aufgrund der Tatsache, dass die meisten Ergebnisse aus den Jahren 2009-2010 vorliegen und es in Deutschland nur wenige Studien zu dem Thema gibt, wurde eine eigene Umfrage mit dem Thema „Möglichkeiten und Grenzen von Social Media Marketing auf Business-to-Business-Märkten" erstellt. Die Umfrage wurde mit einem webbasierten Tool erstellt und wurde online beantwortet.[29] Die Umfrage umfasste ein Volumen von insgesamt 16 Fragen und hatte das Ziel aufschlussreiche Ergebnisse über das Nutzerhalten von Mitarbeiter mit B2B- und B2C-Geschäftsbeziehungen zu geben.[30] Das Umfrage-Tool bietet die Möglichkeit, die Ergebnisse nach verschiedenen Aspekten – zum Beispiel B2B-Unternehmen und B2C-Unternehmen oder nach Altersklassen – zu trennen, um somit fundierte Ergebnisse zu erhalten, welche die Thesen dieser Analyse weiter stützen oder sogar andere Trends erkennen lassen. Die Umfrage wurde über die sozialen Netzwerke Xing, Twitter und Facebook verteilt. Aufgrund der Tatsache, dass bei dem Berufsnetzwerk Xing die meisten aussagekräftigen Antworten zu erwarten waren, wurde die Umfrage dort am häufigsten verteilt. Die Online-Umfrage war 30 Tage im Netz verfügbar und konnte in dieser Zeit eine Teilnehmerzahl von insgesamt 350 Teilnehmern erreichen. 266 Teilnehmer waren davon berufstätig. Von den berufstätigen Teilnehmern, welche für die Auswertung der Umfrage das relevanteste Teilnehmerfeld darstellt, waren 123 Personen in einem Unternehmen mit B2B-Geschäftsbeziehungen beschäftigt. 84 Teilnehmer arbeiten in einem Unternehmen, welches sowohl B2B- als auch B2C-Geschäftsbeziehungen hat. Teilnehmer mit ausschließlich B2C-Geschäftsbeziehungen waren 57 Personen. Insgesamt können die Erkenntnisse über das Nutzerverhalten auf B2B-Märkten also von 207 Teilnehmern analysiert werden. Der Altersdurchschnitt der Teilnehmer lag im größten Feld zwischen 20 und 30 Jahren, für dieses Altersfeld gab es 173 Teilnehmer. Dieser Aspekt ist auf das eigene Alter des Erstellers und Verteilers der Umfrage zurückzuschließen. Die Altersgruppen 30 bis über 60 Jahre haben einen Anteil von insgesamt 140 Teilnehmern.

---

[27] Vgl. Pleil, T. (2010), S. 5
[28] Vgl. Hand, K. (2010)
[29] Link zu der Umfrage: http://www.q-set.de/q-set.php?sCode=JWUZUEXYNUVZ
[30] Die komplette Umfrage ist im Anhang, Seite IV zu finden

Bei der Auswertung ist zu beachten, dass die Gesamtzahl der Befragten aufgrund von ausgelassenen Antworten schwanken kann.

3.2 Voruntersuchung von B2B-Unternehmen in Deutschland

Um eine erste Bestandsaufnahme der Kommunikationsstrategien von B2B-Unternehmen im Social Media Bereich durchzuführen, wurden im Rahmen dieser Arbeit zwei Voruntersuchungen durchgeführt. Hierbei wurden zunächst 100 innovativsten B2B-Unternehmen mit Hauptgeschäftssitz in Deutschland untersucht.[31] Die Auswahl der innovativsten Unternehmen in Deutschland werden jährlich von der compamedia GmbH in dem Projekt „TOP 100“ gekürt und erhalten ein Qualitätssiegel.[32] Die wissenschaftliche Leitung des Projektes liegt in der Hand der Wirtschaftsuniversität in Wien.[33]

Im Rahmen der Untersuchung wurden die Social Media Aktivitäten der Unternehmen erfasst. Diese umfassen das Erstellen eines Blogs sowie die Aktivitäten auf den sozialen Netzwerken Facebook und Google+, dem Microblogging-Dienst [34] Twitter, den Berufsnetzwerken Xing und LinkedIn sowie dem Videoportal YouTube. Die Untersuchung hatte das Ziel, eine erste Tendenz der Social Media Aktivitäten von B2B-Unternehmen in Deutschland zu erkennen.

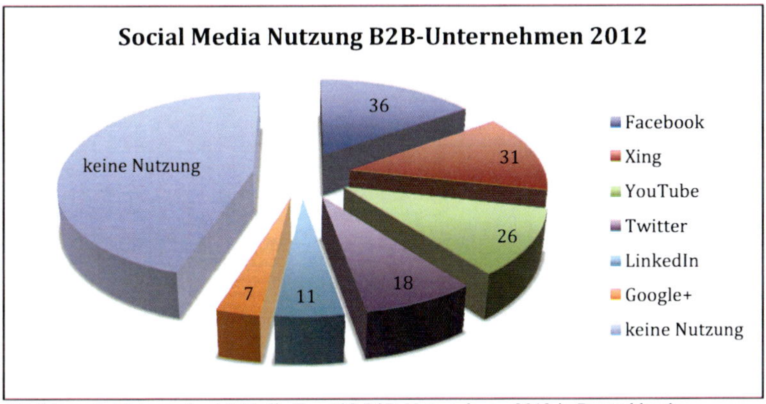

Abbildung 4 - Nutzung Social Media Top 100 B2B-Unternehmen 2012 in Deutschland
eigene Darstellung, Daten aus eigener Analyse, siehe Anhang, Seite IV

[31] Vgl. Pleil, T. (2010), S. 13
[32] Vgl. http://www.top100.de/wer-wir-sind
[33] Vgl. http://www.top100.de/wer-wir-sind/
[34] Microblogging: Senden von kurzen Nachrichten mit wenigen Zeichen, Beispiel: Twitter

Von den 100 untersuchten Unternehmen in verschiedenen Branchen, Regionen und Unternehmensgrößen haben 55 Prozent mindestens ein Profil auf einem der genannten sozialen Netzwerke erstellt (siehe Abbildung 4, Seite 11). Mit einem Ergebnis von mehr als der Hälfte der Unternehmen scheinen B2B-Unternehmen die Erfolgsaussichten von Social Media Marketing der B2C-Unternehmen erkannt zu haben. Bei den von B2B-Unternehmen genutzten Social Networks liegt Facebook vor allen anderen Netzwerken. Die B2B-Unternehmen auf Facebook können dabei durchschnittlich etwa 1.700 Abonnenten des Informationskanals verzeichnen. Der Spitzenreiter der B2B-Unternehmen liegt mit über 23.000 Abonnenten[35] vor zwei weiteren B2B-Unternehmen mit mehr als 10.000 Abonnenten und fünf Unternehmen mit mehr als 1.000 Abonnenten. Die restlichen bewegen sich in Bereichen von unter 1.000 Abonnenten. Xing wird von 31 B2B-Unternehmen mit einer eigenen Profilseite verwendet. Im Durschnitt verfolgen lediglich 51 Nutzer die neuen Informationen der B2B-Unternehmen auf Xing. Nur ein Unternehmen kann einen Nutzerkreis von mehr als 200 vorweisen. Das Videoportal YouTube wird von 26 B2B-Unternehmen zur Veröffentlichung von Imagevideos oder Produktvideos genutzt. Im Durchschnitt wird ein Video der untersuchten B2B-Unternehmen knapp 76.000 Mal aufgerufen. Die hinteren Plätze bei den genutzten Social Media-Plattformen belegen Twitter (18 B2B-Unternehmen mit durchschnittlich 226 Abonnenten), LinkedIn (11 B2B-Unternehmen mit durchschnittlich 167 Abonnenten) und Google+ (7 B2B-Unternehmen mit durchschnittlich 21 Abonnenten).[36] Auffällig ist, dass nur eines der 100 Unternehmen über einen Blog verfügt. Dabei handelt es sich um das B2B-Unternehmen Sirona Dental Systems GmbH in der Branche der Medizintechnik, welches in Deutschland den größten Produktionsstandort mit fast 1.500 Mitarbeitern stellt. Neben dem internationalen Blog werden alle im Rahmen dieser Untersuchung sozialen Netzwerke mit jeweils hohen Abonnentenzahlen genutzt.[37]

Neben der Nutzung der Social Networks durch Unternehmen wurde ebenfalls die Präsenz der Mitarbeiter der 100 innovativsten B2B-Unternehmen auf den genannten Social Media-Plattformen untersucht. Diese Ergebnisse sollen die Untersuchung ergänzen und Aufschluss über das Kommunikationsverhalten und die präferierten

---

[35] Vgl. https://www.facebook.com/sironadental
[36] von 100 Untersuchten Unternehmen auf B2B-Märkten, siehe Anhang, Seite IV
[37] Vgl. http://www.sirona.com/de

sozialen Netzwerke der Mitarbeiter von B2B-Unternehmen in Deutschland geben. Aufgrund der begrenzten Suchfunktion nach einzelnen Mitarbeitern, wurden bei dieser Untersuchung das größte soziale Netzwerk der Welt Facebook sowie die Business-Netzwerke Xing und LinkedIn überprüft (siehe Abbildung 5, Seite 13).

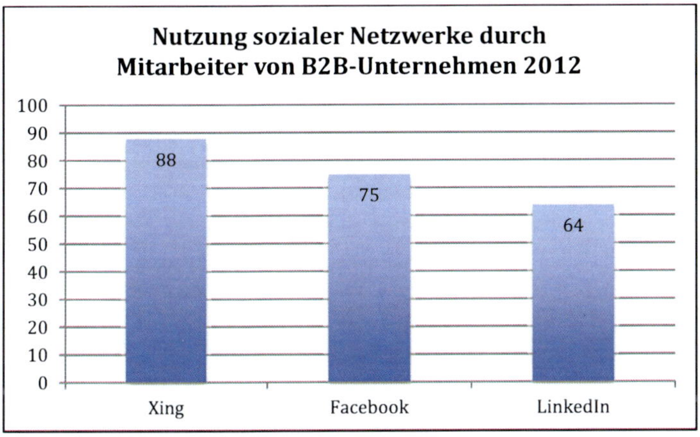

Abbildung 5 - Nutzung Social Networks durch Mitarbeiter von B2B-Unternehmen 2012
eigene Darstellung, Daten aus eigener Analyse, siehe Anhang, Seite IV

Bei der Auswertung wurde jedes Social Network berücksichtigt, auf denen mindestens ein Mitarbeiter des entsprechenden B2B-Unternehmens zu finden war und die Unternehmen- sowie Positionsangaben im Profil angegeben wurden. Die Analyse der Mitarbeiter von Unternehmen auf Business-to-Business-Märkten zeigt, dass die sozialen Netzwerke bereits intensiv genutzt werden. Bei 88 Prozent der Unternehmen auf Xing wird man mindestens einen Ansprechpartner zur Kontaktaufnahme finden. Auch auf Facebook und LinkedIn wird man bei mehr als der Hälfte der B2B-Unternehmen einen Ansprechpartner finden können.

Um eine weitere Statistik zu der aktuellen Nutzung von Social Media durch B2B-Unternehmen aufzuzeigen und im Gegensatz zu ersten Auswertung Erkenntnisse über die Unterschiede bei der Nutzung durch B2B- und B2C-Unternehmen festzustellen, wurde die Umfrage im Rahmen dieser Arbeit ausgewertet.

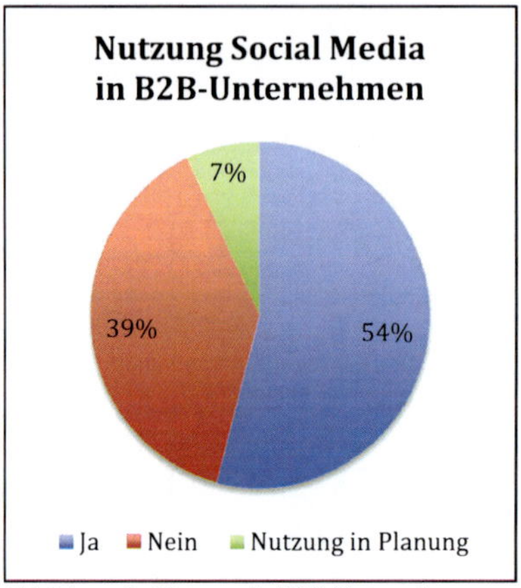

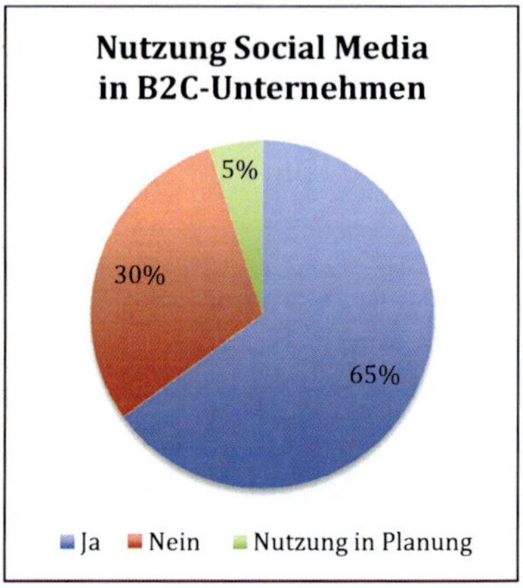

Abbildung 6 - Nutzung in B2B-Unternehmen Abbildung 7 - Nutzung in B2C-Unternehmen
Eigene Darstellungen, 206 Befragte im B2B- und 57 Befragte B2C-Bereich, siehe Anhang, Seite IV

Bei der Auswertung lässt sich erkennen, dass die B2C-Unternehmen die Social Media Plattformen etwas häufiger nutzen (siehe Abbildungen 6 und 7, Seite 14). Aufgrund der geringen Abweichung ist aber davon auszugehen, dass B2B-Unternehmen Social Media in etwa die gleiche Bedeutung wie B2C-Unternehmen zukommen lassen. Festzustellen ist ebenfalls, dass ungefähr ein Drittel B2B- und B2C-Unternehmen keine Social Media Aktivitäten betreiben oder die Nutzung in Planung ist. Im Vergleich zu der Auswertung der Top 100 B2B-Unternehmen in Deutschland ergibt sich fast exakt das gleiche Ergebnis bei der Nutzung von Social Media in B2B-Unternehmen (55 Prozent der Top 100 und 54 Prozent der B2B-Unternehmen nutzen bereits Social Media-Plattformen).

Die Antworten der Befragten, dessen B2B- oder B2C-Unternehmen sich bereits auf Social Media Plattformen präsentieren, wurden zum Zweck der Darstellung der genutzten sozialen Netzwerke weiter analysiert. Die folgende Grafik zeigt, auf welchen Social Media-Plattformen die B2B- und B2C-Unternehmen bereits eine Präsenz besitzen.

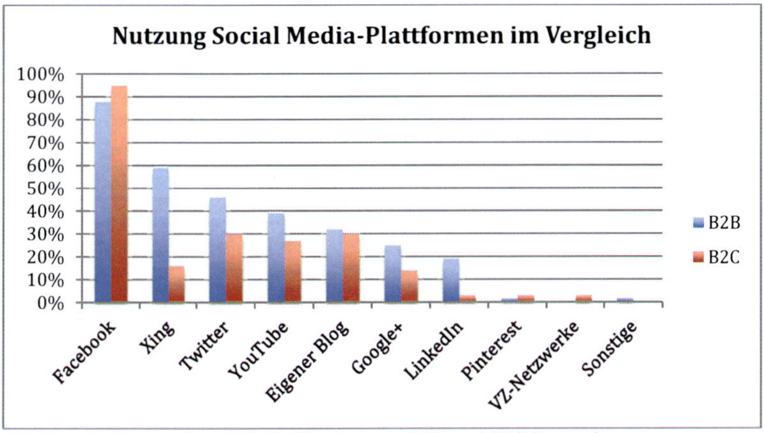

Abbildung 8 - Nutzung Social Media-Plattformen in B2B- und B2C-Unternehmen
Eigene Darstellung, 111 Befragte im B2B- und 37 Befragte im B2C-Bereich, siehe Anhang, Seite IV

Im Vergleich der B2B- und B2C-Unternehmen (siehe Abbildung 8, Seite 15) fällt auf, dass vor allem auf den Business-Netzwerken Xing und LinkedIn deutlich häufiger Profile von B2B-Unternehmen zu finden sind. Auch eine verstärkte Twitter-Nutzung gegenüber den B2C-Unternehmen ist festzustellen. Aufgrund der sehr geringen Nutzung von Pinterest, den VZ-Netzwerken und sonstigen Social Media-Plattformen werden diese bei den folgenden Auswertungen dieser Arbeit nicht mehr berücksichtigt.

Vergleicht man die Ergebnisse der B2B-Unternehmen im Rahmen der Umfrage mit den Ergebnissen der Top 100 B2B-Unternehmen, lässt sich bestätigen, dass die Social Networks Facebook, Xing, Twitter und YouTube für B2B-Unternehmen die relevantesten Netzwerke darstellen. Auffällig ist, dass bei den Unternehmen der Mitarbeiter der Umfrage ein Großteil einen eigenen Blog betreibt. Der Nutzung von Blogs mit 32 Prozent bei B2B-Unternehmen und 30 Prozent der B2C-Unternehmen scheint für Unternehmen auf beiden Märkten eine sinnvolle Ergänzung der anderen Social Media-Plattformen zu sein. Fraglich ist, warum die Top 100 der B2B-Unternehmen in Deutschland den Einsatz von Blogs nicht forcieren. Möglich wäre es unter Umständen auch, dass die Blogs unter einen anderen Namen oder einer anderen Internetadresse schwieriger aufzufinden wären. Bei der Analyse wurden lediglich die Webseiten der Unternehmen auf Blogs untersucht.

3.3 Möglichkeiten

3.3.1 Neuer Kommunikationskanal

Das Social Media Marketing unterscheidet sich grundlegend von den bisherigen Kommunikationskanälen innerhalb eines Business-to-Business-Unternehmens und wird die Kommunikationspolitik eines Unternehmens daher beeinflussen. Die bisherigen Ich-Botschaften eines B2B-Unternehmens, wie in Pressemitteilungen auf der Homepage oder Werbebotschaften in Printmedien, weichen einer neuartigen Art von Kommunikation, in denen die Themen- und die Dialogkompetenz die entscheidenden Erfolgsfaktoren sind.[38] Die Ergebnisse im Rahmen der Umfrage zu dieser Arbeit bestätigen diese These. Von den befragten Mitarbeitern von Unternehmen auf B2B-Märkten sind 96 Prozent der Meinung, dass das Social Media Marketing einen bedeutenden Anteil an der Kommunikationspolitik einnehmen und die klassischen Kommunikationskanäle wie Zeitungen oder Fernsehen ergänzen wird.[39] Die Basis-Voraussetzungen des Social Media Marketings im Rahmen dieser Veränderung liegen in der Offenheit, Lernfähigkeit, Dialogbereitschaft und relativen Gleichberechtigung in der Kommunikationspolitik eines B2B-Unternehmens.[40] Insbesondere im B2B-Bereich, in welchem auf hohem fachlichen Niveau kommuniziert wird und der direkte Austausch mit den Kunden einen hohen Stellenwert hat, kann Social Media seine Stärken ausspielen. Durch die Beobachtung der Diskussionen hat das B2B-Unternehmen die Möglichkeiten Trends zu erkennen und die Flexibilität bei Kundenwünschen erhöhen zu können. Darüber hinaus kann Social Media auch die Kommunikation mit den Stakeholdern verbessern.[41] Eine wichtige Voraussetzung stellt dabei die Personalisierung der B2B-Kommunikation dar. Die Social Media Aktivitäten eines Unternehmen sollten nicht von einem unpersönlichen anonymen Account erfolgen, sondern persönlich betreut werden. Der Mitarbeiter eines Unternehmens sollte hierbei seinen vollständigen Namen, Profilbild sowie Position im Unternehmen anzeigen lassen.[42] Dies hat zur Folge, dass die Kommunikation mit dem Kunden auf einer neuen, authentischen Ebene abläuft. Das Vertrauen zum Kunden eines B2B-Unternehmens wird durch den persönlichen Kontakt mit seinem Ansprechpartner erhöht. Der Kunde und das Unternehmen in Form des Mitarbeiters stehen bei der Kommunikation auf einer

[38] Vgl. Pleil, T. (2010), S. 13
[39] von 205 befragten von Unternehmen mit B2B-Geschäftsbeziehungen, siehe Anhang, Seite IV
[40] Vgl. Pleil, T. (2010), S. 9
[41] Vgl. Pleil, T. (2010), S. 18
[42] Vgl. Pleil, T. (2010), S. 19

Ebene, wodurch sich die Social Media Kommunikation durch den Stil, die Inhalte und den Absender von der klassischen Unternehmenskommunikation unterschiedet und das B2B-Unternehmen näher an die Zielgruppe bringt. Hier liegt auch ein häufiger Fehler bei Business-to-Business-Unternehmen – oftmals werden an potenzielle Kunden reine Werbebotschaften, wie Produktinfoblätter oder Flyer, versandt. Die meisten Kunden auf B2B-Märkten fordern jedoch eine Lösung für die teilweise komplexen Problemstellungen innerhalb ihres Unternehmens.[43] Bei korrekter Nutzung von Social Media kann diese neuartige Kommunikationsart das komplette Unternehmensimage positiv beeinflussen. Der Unterschied von Unternehmen auf B2B- zu B2C-Märkten liegt in diesem Punkt bei der höheren Bedeutung von Services und Kundenbetreuung. B2B-Kunden wollen dabei nicht, wie bei vielen B2C-Unternehmen üblich, in langen Warteschleifen hängen und tagelang auf Rückmeldungen ihrer E-Mails warten. Business-to-Business-Kunden erwarten eine kurzfristige Lösung der vorliegenden Probleme.[44] Prominentestes Beispiel für die Einbindung von Social Media in die Kommunikationsstrategie und einen daraus gewonnenen Mehrwert für das Unternehmen stellt der Computerhersteller Dell dar. Dell betreibt als Unternehmen B2B- und B2C-Geschäftsbeziehungen und gilt als einer der Vorreiter im Bereich Social Media. Die verschiedenen Aktivitäten auf den Plattformen sind eng miteinander vernetzt. Im Zentrum der Aktivitäten stehen Communities auf Facebook und Twitter, welche den Nutzern bei Kaufentscheidungen und Problemen helfen sollen. Die Nutzer können hierbei auf den Profilen bei Twitter und Facebook ihre Fragen direkt auf den Profilseiten stellen. Bei beiden Netzwerken antworten Mitarbeiter von Dell mit ihrem eigenen Namen. Um die Reaktionszeiten von Dell Deutschland im Rahmen dieser Arbeit zu überprüfen wurden auf Facebook und Twitter jeweils die letzten 100 Fragen der Nutzer und Antworten der Dell-Mitarbeiter analysiert. Dabei stellte sich heraus, dass 90 Prozent der Fragen innerhalb von 24 Stunden beantwortet wurden.[45] Meist benötigt das Dell-Team für eine Antwort nur wenige Stunden. Dabei ist es egal, ob die Nutzer Hilfestellungen oder Ratschläge für die Kaufentscheidung fordern. Die fehlenden 10 Prozent kommen primär durch die Wochenenden zustande, an denen sich die Reaktionszeit auf bis zu drei Tage verlängern kann. Die Kommunikationsstrategie in den sozialen Netzwerken ist bei Dell auf Grundlage von vier Schritten aufgebaut –

[43] Vgl. Bodnar, K. / Cohen, L. (2012), S. 19
[44] Vgl. Gillin, P. / Schwartzman, E. (2011), S. 7
[45] eigene Erfassung der Aktivitäten der jeweils letzten Aktivitäten auf https://www.facebook.com/DellDeutschland und https://twitter.com/DellHilft am 07.08.2012

Review, Respond, Redirect, Record. Zunächst werden die Dialoge mit dem Kunden aufgezeichnet und an den entsprechenden Mitarbeiter weitergeleitet. Danach werden die Anfragen in kürzester Zeit beantwortet und die Antworten erneut aufgezeichnet. Die Aufzeichnung der Dialoge soll die Messung des Return on Investment ermöglichen. Als nächsten Schritt versucht Dell Videos zu erstellen, welche Zugang zu verschiedenen Ingenieuren ermöglichen. Diese können den Nutzern zur Problemlösung zur Verfügung gestellt werden. Im letzten Schritt kümmert man sich um die Suchmaschinenoptimierung. Die Stichworte der Dell-Kunden bei Problemen bei der Suche auf Suchmaschinen werden analysiert und entsprechend angepasst. Dies soll bei ähnlichen Problemen von anderen Nutzern zu einem schnelleren und leichteren Auffinden von Antworten führen.[46] Hier liegt ein weiterer Vorteil von Social Media Plattformen wie Blogs oder sozialen Netzwerken. Die Antworten eines B2B-Unternehmen, wie in diesem Beispiel Dell, bleiben auch nach der Problemlösung eines Nutzers bestehen. So können auch andere Nutzer von den Ratschlägen des Supportes profitieren, wodurch das B2B-Unternehmen unter Umständen sogar Kosten für die Kundebetreuung einsparen kann. Einträge im Social Media Bereich sind gegenüber den klassischen Werbekanälen also nachhaltiger. Laut Dell werden täglich etwa 25.000 Dialoge nach dem genannten Verfahren behandelt. Die Dialoge finden in insgesamt elf Sprachen statt.[47] Laut eigenen Aussagen von Dell konnte man bereits im ersten Jahr nach Einführung der Social Media Aktivitäten auf Twitter und dem konsequenten Einsatz der Social Media Strategie einen Umsatz von circa einer Million Euro auf die Twitter Aktivitäten zurückführen.[48] Die Messung des Return of Investment wird durch den eben genannten Einsatz der Social Media Strategie gemessen. Neben den Hilfestellungen und Ratschlägen zu Produkten versorgt das Dell-Team die Nutzer der sozialen Netzwerke in regelmäßigen Abständen mit weiteren Nachrichten rund um das Thema Computer. Ein Einsatz von Social Media in B2B-Unternehmen kann also, wie Dell es zeigt, ein indirekt verkaufsförderndes Instrument darstellen. Darüber Hinaus bietet die Kommunikation der Kunden mit den Experten eines B2B-Unternehmen einen Mehrwert für den Kunden.

---

[46] Vgl. http://www.smo14.de/2011
[47] Vgl. http://www.ignitesocialmedia.com/conferences
[48] Vgl. http://www.slideshare.net

Ein weiterer entscheidender Vorteil von Social Media Marketing gegenüber den klassischen Kommunikationskanälen ist die außergewöhnliche Viralität, welche Social Media-Plattformen bieten. Veröffentlicht ein B2B-Unternehmen einen interessanten Beitrag in einem sozialen Netzwerk, können die Nutzer der Social Networks diesen ohne viel Aufwand mit anderen Nutzern teilen. Diese Funktion ist für das B2B-Unternehmen kostenfrei und bietet dem B2B-Unternehmen somit die Möglichkeit die Beiträge auch für potenzielle Interessenten und Neukunden sichtbar zu machen, welche dem Unternehmen bisher unbekannt waren. Auch hier wird dem Interessenten durch die Kommentarfunktion die Möglichkeit gegeben, mit dem Unternehmen ohne große Umwege direkt in Kontakt zu treten. Ein weiterer großer Vorteil gegenüber den traditionellen Kommunikationsinstrumenten der klassischen Werbung bietet die Möglichkeit der Einbindung verschiedener Medien innerhalb des Profils eines B2B-Unternehmens. Neue oder besonders komplexe Produkte können mit Medien wie Bildern, Audiokommentaren, Texten oder Videos erklärt werden und somit Fachdiskussionen anregen. Die klassischen Werbekanäle wie Fernseh- oder Printwerbung stellen meist nur ein sehr einseitiges Medium zur Verfügung. 43 Prozent der befragten Teilnehmer aus Unternehmen auf B2B-Märkten nutzen mindestens ein soziales Netzwerk für Fachdiskussionen. Hierfür sind vor allem die Social Networks Xing, Facebook und LinkedIn beliebt. Die Teilnehmer mit Unternehmen auf B2C-Märkten nutzen die sozialen Netzwerke für Fachdiskussionen in einem etwas geringeren Umfang von 33 Prozent. Bei den Mitarbeitern aus B2C-Unternehmen wird bei den Fachdiskussionen fast ausschließlich Facebook verwendet.[49]

3.3.2 Informationsbeschaffung

Um die Entwicklung der Verwendung von verschiedenen Tools [50] für die Internetrecherche darzustellen wurde eine Studie der Virtual Identity zur „Webnutzung deutscher B2B-Entscheider" aus dem Jahr 2009 mit den Ergebnissen der Teilnehmer von B2B-Unternehmen der aktuellen Umfrage im Rahmen dieser Arbeit im Jahre 2012 verglichen. Bei der Bewertung der Nützlichkeit von verschiedenen Web-Tools für die Internetrecherche ergab sich folgendes Ergebnis (siehe Abbildung 9, Seite 20):

[49] von 204 Befragten Gesamt, davon 165 mit B2B- und 39 mit B2C-Geschäftsbeziehungen
[50] Tool: engl. für Werkzeug

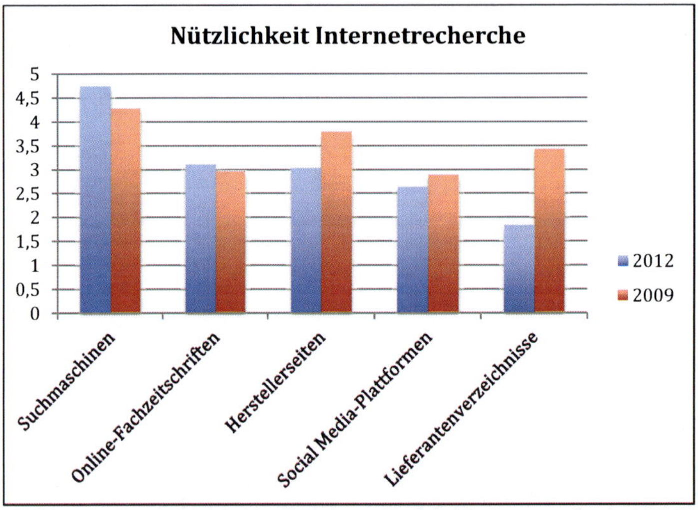

Abbildung 9 - Entwicklung der Nützlichkeit von Tools bei der Internetrecherche 2009-2012
eigene Darstellung, von 155 Befragten in B2B-Unternehmen, siehe Anhang, Seite IV

Suchmaschinen wie Google oder Bing werden weiterhin als das nützlichste Rechercheinstrument anerkannt, gefolgt von den Online-Fachzeitschriften und Herstellerseiten von Unternehmen oder Produkten. Die Bedeutung der Herstellerseiten für Mitarbeiter von Business-to-Business-Unternehmen hat dabei in den letzten drei Jahren deutlich abgenommen. „Prospects don´t want to hear about your products. They want solutions to their problems.“[51] Dies könnte damit zusammenhängen, dass die im Internet verfügbaren Reputationen zum Beispiel in Online-Fachzeitschriften, Fachdiskussionen in Foren oder auch den Social Media-Plattformen mehr Bedeutung zugewiesen wird. Die Herstellerseiten bieten meist einen sehr positiven Ausblick auf die eigenen Produkte oder Services. Benutzen Mitarbeiter von B2B-Unternehmen zum Beispiel eine Gruppe in einem sozialen Netzwerk, können sie gezielte Fragen zu einem Problem stellen und gemeinsam mit der Community eine Lösung finden. Ein weiterer Hinweis auf die sinkende Bedeutung der Herstellerseiten zeigt die Entwicklung der Bedeutung von Lieferantenverzeichnissen. Waren diese Anfang des 21. Jahrhunderts eines der beliebtesten Tools, scheint die Bedeutung in den letzten Jahren stark abgenommen zu haben. Lieferantenverzeichnisse, wie zum Beispiel „wer-liefert-was“[52], sind Suchmaschinen, die vor allem Business-to-Business-Unternehmen filtern und auf die Herstellerseiten verlinken. Die sinkende Bedeutung der Herstellerseiten könnte also

[51] Bodnar, K. / Cohen, L. (2012), S. 19
[52] Vgl. http://www.wlw.de/start

mit der stark abnehmenden Bedeutung der Lieferantenverzeichnisse zusammenhängen. Die Social Media-Plattformen bewegen sich bei der Bewertung der Nützlichkeit bei der Internetrecherche in einem ähnlichen Niveau wie 2009. Der leichte Rückgang in der Bewertung ist minimal und sollte deshalb nicht als Indiz für abnehmende Bedeutung gesehen werden. Waren die Social Media-Plattformen im Jahr 2009 noch auf dem letzten Platz, haben diese sich nun klar vor den Lieferantenverzeichnissen eingeordnet. Durch die parallele Abnahme der Nützlichkeit von Herstellerseiten für B2B-Mitarbeiter befinden sich die Social Media-Plattformen etwa gleichauf mit den Herstellerseiten und Online-Fachzeitschriften. Dieses Ergebnis aus dem Jahre 2012 verdeutlicht den Trend aus dem Jahre 2009, dass nutzengenerierter Inhalt von B2B-Entscheidern und Mitarbeitern auf B2B-Märkten als ähnlich wertvoll wie der Inhalt von professionellen Online-Fachzeitschriften eingestuft wird.[53] Vergleicht man die Ergebnisse der Befragten mit B2B-Geschäftsbeziehungen mit den Ergebnissen der Befragten mit B2C-Geschäftsbeziehungen, lässt sich dieser Trend nochmals bestätigen. Die Befragten mit Tätigkeit auf Business-to-Customer-Märkten ordnen dabei die Social Media-Plattformen bereits als nützlicher gegenüber den Online-Fachzeitschriften und den Herstellerseiten ein.[54]

Die Informationsbeschaffung über Social Media-Plattformen, zum Beispiel über die sozialen Netzwerke, lässt sich aufgrund der Dialogfähigkeit mit der Community und dem Unternehmen als qualitativ hochwertig einstufen. Besonders die Aussagen und Kritiken anderer Nutzer der sozialen Netzwerke wirken daher wie ein besonderes Testimonial für das Unternehmen und können daher die Entscheidungen von Mitarbeitern auf B2B-Märkten beeinflussen. Die Social Networks bieten dabei verschiedene Möglichkeiten bei der Internetsuche für Mitarbeiter in B2B-Unternehmen. In der folgenden Grafik (siehe Abbildung 10, Seite 22) lassen sich die dafür verwendeten sozialen Netzwerke der Befragten von B2B-Unternehmen im Rahmen dieser Arbeit erkennen.

---

[53] Vgl. Pleil, T. (2010), S. 24

[54] von 41 Befragten mit B2C-Geschäftsbeziehungen, siehe Anhang, Seite IV

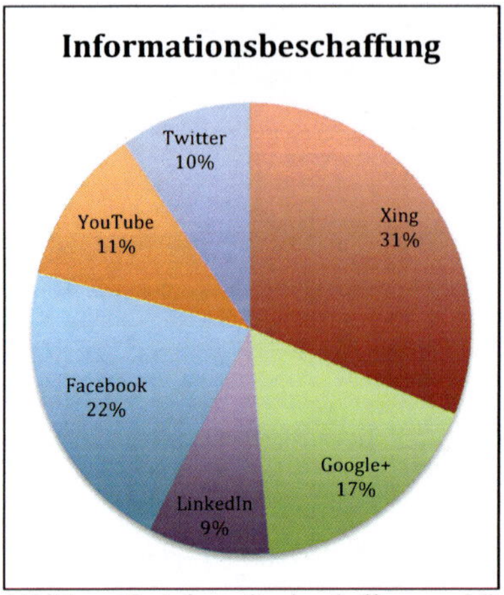

Abbildung 10 - Informationsbeschaffung von Mitarbeitern auf B2B-Märkten
eigene Darstellung, von 165 Befragten mit B2B-Geschäftsbeziehungen, siehe Anhang, Seite IV

Ein weiterer wichtiger Punkt bezüglich der Informationssuche ergibt sich aus der Kombination von Social Media Marketing und Suchmaschinenoptimierung. Die Ergebnisse zeigen, dass Suchmaschinen immer noch am häufigsten zur Informationsbeschaffung genutzt werden. Umso bedeutender ist die Tatsache, dass soziale Netzwerke ein höheres Ranking in den Suchergebnissen beeinträchtigen können. „For a B2B company to have successful search engine marketing in 2012 and beyond, it must leverage social media."[55] Die Suchmaschinen registrieren die Häufigkeit und Beliebtheit von Kommentaren sowie das Teilen von relevanten Inhalten von B2B-Unternehmen in sozialen Netzwerken. Die Anzahl der Weiterverbreitungen der Beiträge wirkt sich ebenfalls positiv aus. Insbesondere Facebook und Google+ bieten simple Funktionen für die Nutzer Beiträge zu kommentieren, zu teilen oder als interessant zu kennzeichnen. Gute Beiträge, welche auf den Social Media-Plattformen häufig kommentiert und weiterverbreitet werden, sind heutzutage also wichtiger als andere Möglichkeiten die Platzierung bei den Suchmaschinen positiv zu beeinflussen.[56] Die Bekanntheit und die Reichweite des B2B-Unternehmen kann durch Social Media also gesteigert werden.

[55] Bodnar, K. / Cohen, L. (2012), S. 37-38
[56] Vgl. Bodnar, K. / Cohen, L. (2012), S. 35

3.3.3 Lieferantensuche & Neukundenakquise

Neben der Suche nach Informationen über Produkte oder Dienstleistungen lassen sich ebenso Lieferanten und Vertriebspartner finden. Die Profile auf sozialen Netzwerken, wie zum Beispiel Xing oder Facebook, stellen die digitale Visitenkarte der B2B-Unternehmen oder Mitarbeiter dar. Der Kunde oder Geschäftspartner kann so gezielt überprüfen, ob sich aufgrund der Profilinformationen Synergien ergeben und das Unternehmen als möglicher Lieferant in Frage kommt. Die einfache Kontaktaufnahme über die internen Kommunikationsmöglichkeiten und die Anzeige von relevanten Kontaktdaten in sozialen Netzwerken ersparen dem Kunden zusätzlich Zeit, um die Daten wie Telefonnummer oder E-Mail-Adressen über die Homepage herauszusuchen. Für B2B-Unternehmen bieten Social Networks ebenfalls die Möglichkeit Neukundenakquise zu betreiben. Durch die Aktivität in einer der tausenden Gruppen auf den Business-Netzwerken Xing oder LinkedIn können die Mitarbeiter in B2B-Unternehmen ihre Produkte vorstellen und in den vorhanden Diskussionen Lösungsansätze bieten. Zusätzlich hat es sich bei der Suche nach Neukunden und anschließender Kaltakquise als vorteilhaft herausgestellt, dem Neukunden nach dem ersten Telefonat eine Kontaktanfrage über die sozialen Netzwerke zu schicken. Durch die Möglichkeit der Gesprächspartner etwas über den „Gegenüber" zu erfahren wird die Wertigkeit des Telefonats deutlich erhöht. Durch die Profilinformationen, wie zum Beispiel Hochschulen, Arbeitgeber in den letzten Jahren oder sogar Hobbys, können Gemeinsamkeiten festgestellt werden, welche den Stand beim potenziellen Neukunden verbessern können. Hierbei ist auch vor allem ein professionelles, freundliches Profilbild vorteilhaft, um dem Gegenüber ein Gesicht zur Stimme zu geben. Speziell in Branchen mit zahlreichen Anbietern bieten die sozialen Netzwerke daher Vorteile, um bei dem Gegenüber im Gedächtnis zu bleiben. In der folgenden Grafik werden die Social Networks dargestellt, welche im Rahmen der Umfrage dieser Arbeit von den Nutzern auf B2B-Märkten für die Lieferantesuche und Neukundenakquise verwendet werden (siehe Abbildungen 11 und 12, Seite 24).

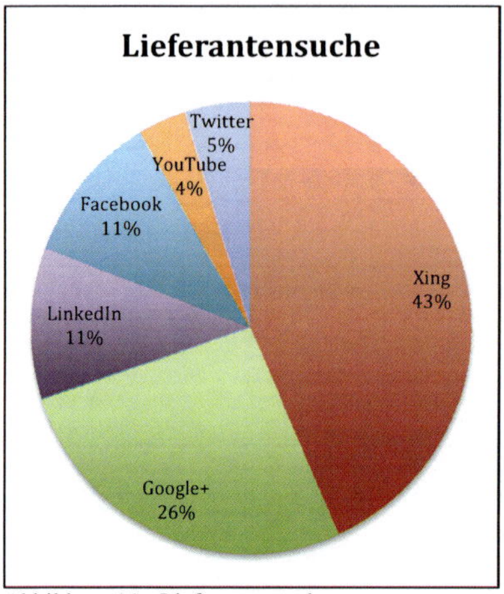

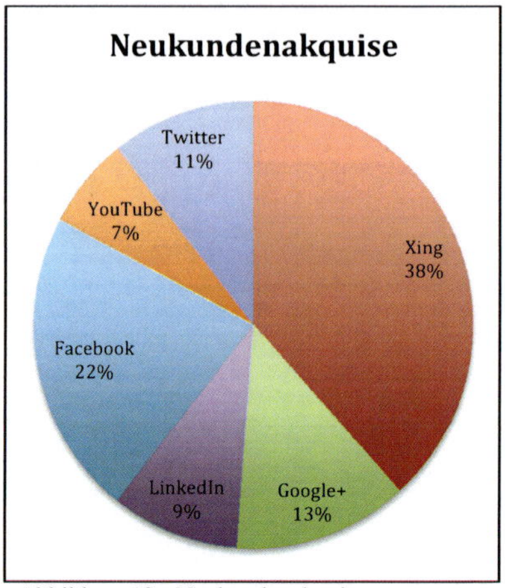

Abbildung 11 –Lieferantensuche Abbildung 12 - Neukundenakquise
eigene Darstellungen, von 165 Befragten mit B2B-Geschäftsbeziehungen, siehe Anhang, Seite IV

3.3.4 Ergänzung der klassischen Werbekanäle

Die Medienlandschaft befindet sich aktuell in einem Wandel. Die Printmedien befinden sich in einer Krise und die Zukunft dieser ist schwer einzuschätzen. Durch Social Media haben Business-to-Business-Unternehmen die Möglichkeit selbst zu einem Medium zu werden und eine eigene Leserschaft aufzubauen, um die Bekanntheit und Reichweite des Unternehmens zu verbessern. Das Veröffentlichen von Fachbeiträgen ist nicht mehr dem Journalismus vorbehalten. Unternehmen können in der heutigen Zeit für verschiedene Zielgruppen und Themen Formate entwickeln, welche über verschiedene Kanäle, zum Beispiel über die sozialen Netzwerke, verteilt werden können. Bei dieser Entwicklung ist zu betonen, dass der Einsatz von Social Media die klassischen Kommunikationskanäle nicht ersetzen, sondern als sinnvolle Ergänzung dienen soll. Die Umfrage im Rahmen dieser Arbeit deutet darauf hin, dass die Teilnehmer diesen Wandel der Kommunikationspolitik ebenfalls erkennen. Die Frage „Glauben Sie, dass Social Media in Zukunft einen bedeutenden Anteil in der Kommunikationspolitik einnehmen wird?" beantworteten 89 Prozent der Teilnehmer mit der Vermutung, dass Social Media die klassischen Kommunikationskanäle, wie zum Beispiel Zeitung, Fernsehen oder Plakatwerbung ergänzen wird. 7 Prozent glauben sogar, dass Social Media die klassischen Kommunikationskanäle vollständig ersetzen wird. Lediglich 4 Prozent sehen im Social Media Marketing nur eine kurzfristige Erscheinung und glauben nicht an eine zukünftige Bedeutung dieser neuen Medien. Die Ergebnisse der Teilnehmer mit Unternehmen auf B2B-Märkten fallen sogar noch ein bisschen deutlicher aus – hier glauben 92 Prozent an eine Ergänzung der klassischen Kommunikationskanäle durch Social Media.[57] Die Ergebnisse der Umfrage bestätigen die These, dass Social Media eine sinnvolle Ergänzung der Kommunikationskanäle darstellt. Ein Verschwinden der klassischen Medien wird von den Befragten nahezu ausgeschlossen. Vielmehr können die klassischen Werbekanäle durch Social Media profitieren. Pressemeldungen können neben Veröffentlichungen in Printmedien, wie Zeitungen, ergänzend auf Social Media-Plattformen verteilt werden. Damit bietet Social Media einen zusätzlichen Kanal, mit welchem unabhängig von Platzbegrenzungen in Zeitungen die Öffentlichkeit ohne Umwege erreicht werden kann.[58] „Wer eigene Texte erzeugen und publizieren kann, schafft sich als Unternehmen sein Image selbst."[59] Diese Entwicklung wurde auch von den klassischen Medien erkannt und führt dazu, dass heutzutage immer mehr Journalisten im Social Web recherchieren. Die Wahrscheinlichkeit durch interessante Beiträge in Social Networks in die Printmedien wie Tageszeitungen zu gelangen ist heutzutage schon relativ groß und wird in Zukunft auch noch weiter ansteigen. In den Vereinigten Staaten von Amerika sind Social Media und dort publizierte Meinungen, Beobachtungen und Einschätzungen als Quelle mittlerweile ebenso anerkannt wie die offiziellen Veröffentlichungen eines Unternehmens.[60] Neben Informationen rund um das eigene Unternehmen sollten B2B-Unternehmen regelmäßig auch Beiträge über andere Themen veröffentlichen. Dies können Informationen aus der Branche oder auch branchenfremde Themen sein. Auch diese Beiträge können die Wahrscheinlichkeit auf Veröffentlichungen auf anderen Werbekanälen erhöhen und damit die Reichweite und Bekanntheit des B2B-Unternehmens positiv beeinflussen. Ein weiterer Vorteil von ergänzenden Veröffentlichungen auf Social Media Plattformen sind die Langlebigkeit der Beiträge im Social Web. Kunden und Interessenten haben somit die Möglichkeit interessante Beiträge auch Monate nach der Veröffentlichung im Internet zu finden. Jeder Beitrag in Social Networks erhöht also die Wahrscheinlichkeit, dass Kunden mit dem B2B-Unternehmen vernetzt werden.

[57] von 346 Befragten Gesamt, 205 aus B2B-Unternehmen, siehe Anhang, Seite IV
[58] Vgl. Pleil, T. (2010), S. 40
[59] Pleil, T. (2010), S. 41
[60] Vgl. Pleil, T. (2010), S. 41

3.3.5 Geringe Einstiegskosten

Das Social Media Marketing bietet vor allem wegen den verhältnismäßig geringen Marketingeinstiegskosten gute Möglichkeiten. Business-to-Business-Unternehmen haben somit die Chance auf unkompliziertem und schnellem Wege neue Märkte zu erschließen und kostengünstig neue Kontakte zu knüpfen.

Hierbei ist ein wichtiger Faktor, dass ein Großteil der B2B-Entscheider das Social Web bereits im Berufsalltag nutzt. Dies bestätigt auch die Umfrage im Rahmen dieser Arbeit. Von den Befragten Mitarbeitern mit B2B-Geschäftsbeziehungen nutzen 97% soziale Netzwerke wie Facebook, Twitter oder Xing. Die Auswertung zeigt außerdem, dass sich die Ergebnisse im Jahr 2012 nicht mehr als „neuer Trend" bewerten lassen. Mit einem Anteil von 49% nutzen die Mitarbeiter auf B2B-Märkten soziale Netzwerke bereits seit über 5 Jahren. 35 % der Befragten nutzen soziale Netzwerke seit über 3 Jahren und nur ein verhältnismäßig geringer Anteil von 16% der Befragten nutzen soziale Netzwerke erst seit über einem Jahr. Die Ergebnisse der Befragten von Unternehmen mit B2C-Geschäftsbeziehungen spiegeln in etwa das gleiche Bild wie das der Befragten mit B2B-Geschäftsbeziehungen wieder.[61]

Entscheidet sich ein B2B-Unternehmen für den Einsatz von Social Media innerhalb der Marketingstrategie, sind zunächst keine größeren Investitionen oder ein bestimmtes Startkapital nötig. Die meisten sozialen Netzwerke, wie zum Beispiel Facebook oder Twitter, erlauben eine kostenfreie Nutzung der Standardfunktionen. Diese Funktionen reichen in der Regel aus, um ein attraktives Profil zu erstellen und diesem verschiedene Medien wie Bilder, Videos oder Verlinkungen hinzuzufügen. Möchte man das erweiterte Angebot nutzen und zum Beispiel Anzeigen auf den Social Networks schalten, kann zwischen verschiedenen Preismodellen gewählt werden. Ein Vorteil ist, dass den Anzeigen ein bestimmtes Budget zugeteilt wird und dieses auf keinen Fall überschritten wird. Damit lassen sich die Marketingkosten auf Social Media Plattformen als Fixkosten vorher einplanen. Ein weiterer Vorteil besteht darin, dass die Budgets für die sozialen Netzwerke jederzeit individuell verschoben werden können, falls sich die Prioritäten in der Marketingstrategie verändern sollten.

---

[61] von 262 Befragten Gesamt, 205 Befragte mit B2B-Geschäftsbeziehungen, siehe Anhang, Seite IV

Es bleibt also festzustellen, dass die realen Einstiegskosten im Social Media Bereich sehr gering sind. „The cost and barrier to entry in publishing is almost zero“.[62] Im Vergleich zu traditionellen Werbekanälen wie Print- oder Fernsehwerbung belasten Veröffentlichungen von News oder Medien auf Social Media Plattformen nur einen Bruchteil des Marketingbudgets. Bei professioneller Nutzung und Erfolgen im Social Web, kann das Social Media Marketing die klassischen Marketingkanäle ergänzen oder einige sogar ersetzen. Dies kann langfristig auch zur Gesamtkostensenkung im Marketingbereich beitragen.[63] Aktuell ist dieser Trend bereits zu beobachten. Die Investitionen im Bereich Online-Marketing werden laut einer amerikanischen Studie in den nächsten Jahren weiter anwachsen. Demnach wurden 2010 circa 8% des Marketingbudgets von B2B-Unternehmen in das Online-Marketing investiert. Für das Jahr 2012 wird bereits ein Anteil von 12% erwartet.[64] Bis 2013 wird eine jährliche Wachstumsrate von 12% im Bereich Internet Marketing und eine jährliche Wachstumsrate von 21% im Bereich des Social Media Marketings erwartet.[65]

Abgespalten von den Kosten sollte man bedenken, dass sich der Betreuungsaufwand der Social Media Aktivitäten eines Unternehmens bei einem positiven Verlauf schnell erhöhen kann. Oftmals ist es möglich, dass zu Beginn ein bis zwei Personen die Betreuung der sozialen Netzwerke neben den üblichen Aufgaben im Unternehmen übernehmen.[66] Bei Ausweitung der Aktivitäten müssen diesen Mitarbeitern mehr Zeit oder neues Personal zur Verfügung gestellt werden. Dies spiegelt sich dann nicht direkt in den Marketingkosten wieder, aber bindet Ressourcen der Mitarbeiter.

3.3.6 Kundenbindung

Die meisten Business-to-Business-Geschäftsbeziehungen sind wesentlich langfristiger und intensiver als Business-to-Customer-Geschäftsbeziehungen. Dies liegt zum einen an den Produkten, welche in vielen Fällen über Jahre hinweg in Zusammenarbeit entworfen wurden und nicht ohne Weiteres ersetzt werden können, zum anderen an der Beteiligung von meist mehreren Mitarbeitern bei Entscheidungen in B2B-Unternehmen. Als Beispiel sei hier der Einkauf von Verpackungsmaterialien eines Industrieunternehmens genannt. Der Einkauf hat das Ziel die Verpackungen möglichst

[62] Bodnar, K. / Cohen, L. (2012), S. 10
[63] Vgl. Bodnar, K. / Cohen, L. (2012), S. 3
[64] Vgl. http://www.amrinternational.com/reports
[65] Vgl. Gillin, P. / Schwartzman, E. (2011), S. 5
[66] Vgl. Bodnar, K. / Cohen, L. (2012), S. 189

günstig einzukaufen, die Technik fordert Verpackungen, welche problemlos verarbeitet werden können, die Produktionsplanung legt großen Wert auf die Einhaltung von Lieferterminen, damit eigene Produktionspläne nicht verschoben werden müssen. Letztlich hat sogar die Buchhaltung verschiedene Vorstellungen bei der Rechnungsstellung. Das Kundenbeziehungsmanagement ist in diesem Fall durchaus komplizierter einzustufen als bei Unternehmen auf B2C-Märkten, auf denen meist weniger Personen an Entscheidungen beteiligt sind. Es ist wenig nützlich, wenn zwar der Einkauf zufrieden ist, die Technik aber laufend Probleme mit den Produkten hat. Alle Bereiche innerhalb eines Unternehmens haben dabei ihre eigenen Bedürfnisse und zu allen sollte möglichst eine gute Beziehung aufgebaut werden, um den Kunden auf lange Sicht binden zu können. Soziale Netzwerke können Business-to-Business-Unternehmen bei der Kundenbindung unterstützen und das Customer-Relationship-Management (CRM) ergänzen. Durch das Nutzen von Social Networks hat das B2B-Unternehmen die Möglichkeit seinen Kunden einen Mehrwert zu bieten. Die Übermittlung von wichtigen Informationen aus der Branche oder auch Entwicklungen auf Rohstoffmärkten interessieren die meisten Kunden. Die sozialen Netzwerke bieten eine gute Möglichkeit diese Art von Nachrichten auf unkompliziertem Wege zu verteilen und mit den Bestandskunden in den Dialog zu treten. Durch den Dialog können dabei die Wünsche und Bedürfnisse der Kunden noch besser erkannt und befriedigt werden. Durch das Vernetzten der Mitarbeiter in B2B-Unternehmen und den Kunden auf sozialen Netzwerken, wie zum Beispiel Xing oder LinkedIn, können desweiteren zusätzliche Informationen zu der Persönlichkeit des Kunden gewonnen werden. Oftmals werden relevante persönliche Informationen von Kunden bereits in der Datenbank der CRM-Software eines Unternehmen festgehalten, um die Kundenbindung zu verstärken. Dies können zum Beispiel Informationen über das Geburtsdatum des Einkäufers oder sogar den favorisierten Fußballverein sein. Über die sozialen Netzwerke lässt sich diese Datenbank sinnvoll ergänzen. Außerdem können über die Statusnachrichten der Kunden mögliche Synergien erkannt werden. Die Kommentar-Funktion des Social Networks bietet eine neue Möglichkeit mit dem Kunden in Kontakt zu bleiben und die Beziehung langfristig zu intensivieren. Die Ergebnisse der Umfrage im Rahmen dieser Arbeit zeigen, dass die sozialen Netzwerke bereits intensiv zur Bestandskundenpflege genutzt werden. In der folgenden Grafik (siehe Abbildung 13, Seite 29) lassen sich die Social Networks erkennen, welche von Mitarbeitern in Unternehmen mit B2B-Geschäftsbeziehungen verwendet werden.

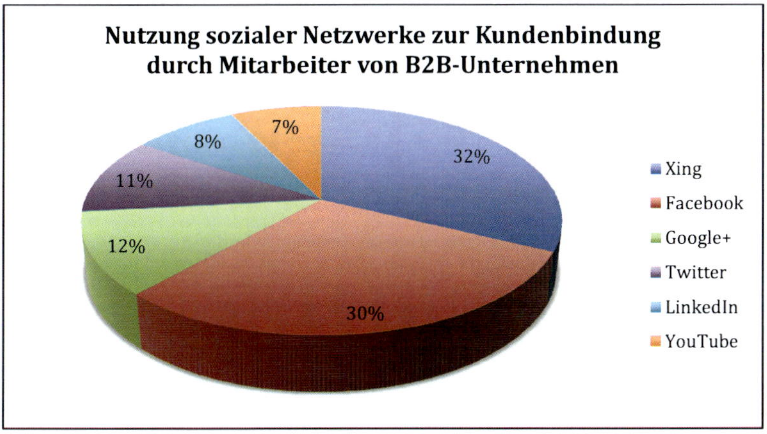

Abbildung 13 - Nutzung zur Kundenbindung von Mitarbeiter auf B2B-Märkten
eigene Darstellung, von 206 Befragten in B2B-Unternehmen, siehe Anhang, Seite IV

Das Business-Netzwerk Xing und das weltweit größte Social Network Facebook werden von den Mitarbeitern der Business-to-Business-Unternehmen am häufigsten zur Bestandskundenpflege genutzt. Die restlichen untersuchten sozialen Netzwerke folgen mit einem großen Abstand. Dies könnte vor allem daran liegen, dass YouTube als Video-Kanal und Twitter als Microblogging-Dienst wenige Informationen über die Kundenprofile bereitstellen.

Social Media kann also neben Telefonaten mit dem Kunden, persönlichen Besuchen oder Treffen auf Messen, ein weiteres Werkzeug zur Kundenbindung bieten.

3.3.7 Interne Kommunikation

Social Media Plattformen können nicht nur für die externe Kommunikation Vorteile bieten. „Selbst wenn eine Social Media-Strategie externe Kommunikationsziele beinhaltet, muss sie also zunächst Thema der internen Kommunikation werden“.[67] Unter der Voraussetzung, dass die Nutzung der verfügbaren Social Media Möglichkeiten für die Mitarbeiter erlaubt ist, kann ein Business-to-Business-Unternehmen viele positive Aspekte der externen Kommunikation auch für die interne Kommunikation übernehmen. Je nach Organisation eines Unternehmens kommt es oftmals zu Verzögerungen bei der Informationsübermittlung aufgrund der langen Informationswege über mehrere Instanzen. Laut einer Studie der Siemens Enterprise Communications im Jahre 2009 mit über 500 befragten Mitarbeitern, gaben 68 Prozent

[67] Pleil, T. (2010), S. 39

der Befragten an, dass sich ihre Arbeit durch Warten auf Informationen verzögert. Als Grund für die Verzögerungen werden unter anderem die verschiedenen Kommunikationswege genannt.[68] Haben Unternehmen keine Möglichkeit ein Intranet zu benutzen oder möchte man das Intranet um weitere Optionen ergänzen, kann das Nutzen von Projekt-Weblogs oder auch sozialen Netzwerken eine Alternative zu diesem sein. Die Umfrage zeigt, dass bereits einige der Befragten in B2B- und B2C-Unternehmen soziale Netzwerke zur internen Kommunikation nutzen. Eine präzise Auswertung dieser Frage ist durch Mehrfachnennungen nicht möglich. Die meistgenutzten Social Networks bei der internen Kommunikation sind dabei Facebook und Xing. [69] Bei beiden sozialen Netzwerken lassen sich geschlossene Gruppen gründen, welche nur für die ausgewählten Benutzer sichtbar sind. In diesen Blogs oder Gruppen könnte man die Belegschaft zum Beispiel über den Stand bei Projekten oder News zu neuen Produkten oder Mitarbeitern informieren. Der große Vorteil gegenüber den üblichen internen Kommunikationskanälen, wie zum Beispiel E-Mail, ist die Möglichkeit die News kommentieren zu können. Die gesendeten Informationen sind dadurch nicht mehr einseitig, durch die Dialog-Möglichkeit mit den Mitarbeitern wird diesen eine Plattform für Reaktionen auf bestimmte Vorgänge im Unternehmen gegeben und damit das Vertrauen in die Mitarbeiter verstärkt. Durch die Sichtbarkeit der Kommentare herrscht eine Transparenz, welche die Mitarbeiter zu Diskussionen anregen kann und gleichzeitig alle auf den gleichen Stand setzt und somit auch effektiv zur Einsparung von Zeit beitragen kann. Neue Beiträge werden ausnahmslos auf allen Social Networks markiert und bieten somit einen Mehrwert gegenüber einem Forum im Intranet – hier muss der Mitarbeiter die Informationen suchen. Als Beispiel sei hier ein Bericht eines Vertriebsmitarbeiters im Außendienst von seinen Erfahrungen im Kundengespräch genannt. Die Argumentationsweise ist in den meisten Fällen auch für Kollegen mit ähnlichen Aufgaben von Bedeutung. Trotz der Beschäftigung in verschiedenen Regionen in Deutschland können diese auf simple Weise über Themen diskutieren und sich dazu austauschen.[70] Ein weiteres positives Beispiel für Integration von Social Media in der internen Kommunikation stellt ein mittelständisches Unternehmen mit 160 Beschäftigten dar. Das Unternehmen öffnete die Sitzungen der Geschäftsführung für die Mitarbeiter. Je nach Thema dürfen bis zu fünf Mitarbeiter an

---

[68] Vgl. http://www.pressebox.de/pressemeldungen
[69] von 203 Befragten Gesamt, 162 Befragte mit B2B-Geschäftsbeziehungen, siehe Anhang, Seite IV
[70] Vgl. Pleil, T. (2010), S. 44

den Sitzungen teilnehmen und mit den Führungskräften diskutieren. Die Diskussionsverläufe werden live in einem Blog veröffentlicht und können von allen Mitarbeitern und Führungskräften eingesehen und kommentiert werden.[71]

Entscheidet sich ein Unternehmen mit B2B-Geschäftsbeziehungen für den Einsatz von sozialen Netzwerken für die interne Kommunikation, sollten die Rahmenbedingungen in der Social Media Strategie eindeutig festgelegt werden. Nicht jede Art von Information lässt sich über soziale Netzwerke kommunizieren, für einige Informationen wird der E-Mail-Versand oder das persönliche Gespräch weiterhin der bessere Weg sein. Eine enge Abstimmung mit dem Management ist enorm wichtig, um Fehler von vorne herein zu vermeiden.

3.3.8 Personalrecruiting

Die Möglichkeit neue Arbeitskräfte durch Social Media zu gewinnen wird in den letzten Jahren immer häufiger genutzt. Hierbei gibt es Vorteile für das Unternehmen und den Arbeitnehmer. Beide können sich vor intensiveren Gesprächen über die Social Media Präsenz informieren. Ein B2B-Unternehmen sollte sich daher möglichst professionell präsentieren, um für künftige Arbeitnehmer interessant zu sein. Durch die Verwendung von Social Media, wie zum Beispiel Twitter, zeigt sich das Unternehmen modern und zeitgemäß. Insbesondere auf intensive Nutzer des Social Web wirken Unternehmen mit einer Social Media Präsenz besonders attraktiv. Ein YouTube-Kanal mit Imagefilmen kann die Chancen Interesse zu erzeugen weiter erhöhen.[72] Das gleiche gilt für den Arbeitnehmer. Ein vollständig ausgefülltes Profil mit einem professionellen Foto erhöht die Wahrscheinlichkeit auf den Berufsnetzwerken, wie zum Beispiel Xing oder LinkedIn, entdeckt zu werden. Die Bedeutung der Social Media-Plattformen - insbesondere der Business Netzwerke Xing und LinkedIn – für das Personalrecruiting haben in den letzten drei Jahren deutlich zugenommen. Eine Studie der IFOK GmbH mit 800 Teilnehmern kam im Jahr 2009 zu dem Ergebnis, dass sich Personalexperten trotz einer Vielzahl von Nutzern sozialer Netzwerke kaum auf diese neuen Formen der Kommunikation eingestellt haben. Allerdings sehen 60 Prozent der befragten Personaler eine enorme Bedeutung von Social Media im Bereich Human Resources.[73] Die Umfrage zeigt, dass das Personalrecruiting über die sozialen Netzwerke bereits

---

[71] Vgl. Pleil, T. (2010), S. 37
[72] Vgl. Pleil, T. (2010), S. 46
[73] Vgl. http://www.ifok.de/uploads

ausgiebig genutzt wird. Hierbei ist kein Unterschied zu erkennen, wenn man die Teilnehmer nach Altersklassen aufteilt. Filtert man die Ergebnisse der Teilnehmer im Personalbereich, erkennt man, dass auch diese den Trend bereits erkannt haben und sich mit dem Personalrecruiting über Social Networks beschäftigen. Eine genaue prozentuale Aussage ist aufgrund von Mehrfachnennungen nicht möglich. Neben dem deutschen Business Netzwerk Xing, werden ebenfalls LinkedIn und Facebook für das Recruiting eingesetzt.[74]

3.3.9 Monotoring

Neben den geringen Einstiegkosten bieten viele Social Media-Plattformen integrierte Monotoring-Tools an. Die Nutzung der Daten ist in den meisten Fällen kostenlos. Beispielhaft seien hier Facebook und YouTube genannt. Facebook bietet mit dem Monotoring-Tool „Facebook Insights“ die Möglichkeit verschiedene Statistiken über die Nutzer einzusehen. Dies sind unter anderem Daten über die Demografie, wie Altersstruktur und Herkunftsländer der Nutzer sowie Statistiken zu den Seitenaufrufen und Interaktionen der Nutzer. Ab einer bestimmten Nutzerzahl bietet Facebook darüber hinaus sogar die Möglichkeit zu sehen, wie die Nutzer auf einzelne Beiträge der B2B-Unternehmen reagieren. Ähnliche Möglichkeiten bietet YouTube mit dem Tool „YouTube Insights“. Auch dieses Monotoring-Tool ist in die Benutzeroberfläche der Social Media-Plattform integriert und bietet Statistiken zu den Nutzern, welche die Videos des B2B-Unternehmens aufgerufen haben. Auch hier sind vor allem Statistiken zur Demografie der Nutzer abzurufen. Durch die Nutzung der integrierten Monotoring-Tools in sozialen Netzwerken wird den Business-to-Business-Unternehmen die Möglichkeit gegeben mehr über ihre Zielgruppen zu erfahren. Mit den vorliegenden Informationen können sogar einzelne Beiträge analysiert werden und somit der Mehrwert für den Kunden ermittelt werden. Bei einer konzentrierten Analyse der Daten sollte es möglich sein, die Beiträge in sozialen Netzwerken weiter zu optimieren und auf die Bedürfnisse der Kunden anzupassen. Damit wird verhindert, dass der Kunde Beiträge zu lesen bekommt, welche er als irrelevant einstuft. Speziell bei B2B-Geschäftsbeziehungen ist dies aufgrund der hohen Bedeutsamkeit der Kundenbindung ein wichtiger Faktor. Dass die Nutzbarkeit der Monotoring-Tools für die B2B-Unternehmen in den meisten Fällen kostenfrei ist, stellt einen weiteren Vorteil dar. In

[74] von 203 Befragten Gesamt, 26 Befragte aus dem Personalbereich, siehe Anhang, Seite IV

der Welt des Social Webs gibt es kaum andere Tools, welche kostenfrei ähnlich wichtige Nutzerdaten bieten können.

3.4 Grenzen

3.4.1 Betreuungsaufwand & Arbeitszeitverlust

Eine Vielzahl von Unternehmen steht dem Social Media mit seinen Blogs, Foren und sozialen Netzwerken skeptisch gegenüber. Es besteht die Befürchtung, dass das Nutzen des Social Web während der Arbeitszeit zu Zeitverschwendung führt und die Mitarbeiter von der Erledigung wichtiger Aufgaben abhält. Im Rahmen der Umfrage wurde die Frage nach Argumenten gegen den Einsatz von Social Media im Berufsalltag ebenfalls häufig mit einem hohen Betreuungsaufwand und damit verbundenem Arbeitszeitverlust begründet. 43% der Teilnehmer nannten dieses Gegenargument. Die Antworten der Befragten mit Unternehmen auf B2B- oder B2C-Märkten unterscheiden sich dabei nur unwesentlich, sodass dieses Argument wohl auf beiden Märkten zutreffend zu sein scheint.[75] Fakt ist, dass der Einsatz von Social Media vor allem eines kostet – Zeit.

Betrachtet man die Antworten zu der Zeit, welche während der Arbeitszeit auf Social Media-Plattformen verbracht wird, ergibt sich folgendes Ergebnis (siehe Abbildung 14, Seite 33):

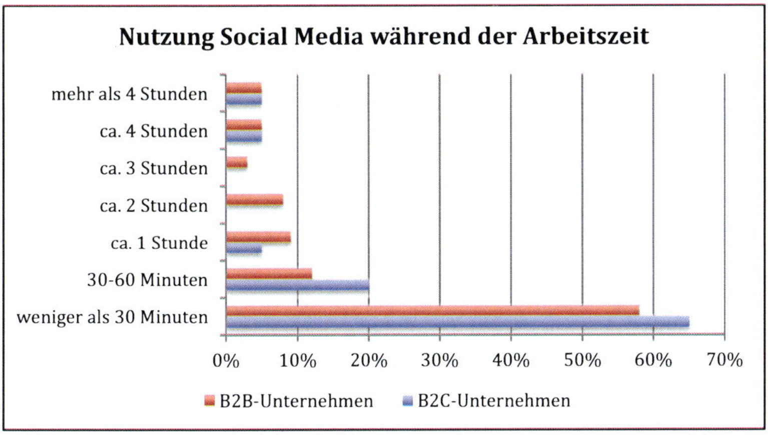

Abbildung 14 - Nutzung von Social Media-Plattformen während der Arbeitszeit im Vergleich eigene Darstellung, von 210 Befragten, 170 B2B-, 40 B2B-Unternehmen, siehe Anhang, Seite IV

[75] von 345 Befragten Gesamt, siehe Anhang, Seite IV

Die Ergebnisse bestätigen die These, dass Social Media Arbeitszeit der Mitarbeiter bindet. 70 Prozent der Mitarbeiter in B2B-Unternehmen verbringen bereits heute bis zu einer Stunde ihrer Arbeitszeit auf Social Media Plattformen. Ausgehend von einer üblichen 40-Stunden-Woche werden also über 10 Prozent der Arbeitszeit für Social Media verwendet. Der erhöhte Betreuungsaufwand der Kunden von B2B-Unternehmen macht sich bei den Angaben der verbrachten Zeit auf Social Networks zwischen ein und drei Stunden bemerkbar. Hier investieren Mitarbeiter auf B2B-Märkten deutlich mehr Zeit für Social Media Aktivitäten als die Mitarbeiter auf B2C-Märkten. Die Ergebnisse, welche auf die Nutzung von Social Media über vier oder mehr als vier Stunden hinweisen, sollten bei dieser Auswertung nicht überbewertet werden. Der Anteil ist mit jeweils nur 5 Prozent nicht besonders hoch und könnte auf die Antworten von Mitarbeitern, welche im Social Media Bereich tätig sind, hinweisen.[76]

Einer der größten Fehler von Unternehmen im Bereich Social Media ist das Unterschätzen vom Betreuungsaufwand von Social Media. Die Betreuung der sozialen Netzwerke kostet Zeit und es bedarf Mitarbeiter, welche im Bereich Social Media ein gewisses Know-How aufweisen.[77] Business-to-Business-Unternehmen sollten daher klare Ziele für das Social Media Marketing definieren und eine Social Media Strategie entwerfen. Diese umfasst die Auswahl der Social Media Plattformen und die Ressourcen, welche für die Betreuung dieser zur Verfügung stehen.[78] Sollten die Ressourcen begrenzt sein, sollte das Unternehmen sich zunächst auf ein bis zwei soziale Netzwerke konzentrieren, um zu verhindern, dass die Social Networks nicht im vollen Umfang betreut werden können. Ebenfalls ist es nicht ratsam, Social Media Marketing lediglich als Experiment zu sehen, die fehlenden Ressourcen werden möglicherweise zu einem negativen Verlauf der Social Media Aktivitäten führen. Erstellt das Unternehmen eine präzise Social Media Strategie und legt die Aufgaben und Ziele vorher genau fest, wird das Social Media Marketing mit verhältnismäßig wenig eingesetzten Ressourcen einen hohen Mehrwert bieten. Die kritischen Argumente bezüglich des hohen Betreuungsaufwandes und dem damit verbundenen Arbeitszeitverlustes sind also nur unter bestimmten Umständen berechtigt. Zu diesen Umständen zählt vor allem eine fehlende Social Media Strategie.

---

[76] von 210 Befragten, 170 mit B2B-, 40 mit B2C-Geschäftsbeziehungen, siehe Anhang, Seite IV
[77] Vgl. Bodnar, K. / Cohen, L. (2012), S. 7
[78] Vgl. Pleil, T. (2010), S. 22

3.4.2 Kosten

Die geringen Marketingeinstiegskosten beim Social Media Marketing wurden bereits thematisiert. Wie die Umfrage zeigt, sehen nur 2% der befragten Teilnehmer aus Unternehmen auf Business-to-Business- und Business-to-Customer-Märkten in den Kosten ein Argument gegen Social Media.[79] Dies bestätigt die Tatsache, dass die laufenden Kosten für die Bereitstellung der Profile auf sozialen Netzwerken oder die Hosting-Gebühren für das Betreiben eines Blogs als verhältnismäßig minimale Kosten eingestuft werden. Eine Differenzierung der Antworten nach Befragten mit B2B- oder B2C-Geschäftsbeziehungen ist aufgrund der geringen Prozentzahl an Antworten bei dieser Aussage nicht sinnvoll. Bezüglich der laufenden Kosten für Social Media Aktivitäten ist in der Realität festzustellen, dass es sich tatsächlich um sehr geringe Marketingkosten handelt. Das Betreiben eines Premium-Profils oder einer Unternehmensseite ist oftmals kostenlos. Um die Kosten dieser erweiterten Funktion darzustellen, wurde beispielhaft das Business-Netzwerk Xing analysiert. Dieses wird laut der Umfrage von 70% der Befragten mit Unternehmen in B2B-Geschäftsbeziehungen genutzt.[80] Die Anmeldung und Nutzung des sozialen Netzwerkes Xing ist generell kostenlos. Für bestimmte Aktivitäten gibt es Begrenzungen, die mit einem Update überwunden werden können. Ein normales Profil lässt sich für den Betrag von 83,40 Euro im Jahr auf die Premium-Mitgliedschaft erweitern. Durch die Wahl dieses Updates kann der Nutzer die Suchfunktion noch gezielter einsetzen. Statt der maximalen Suchergebnisse von 15 Treffern wird diese auf 300 Treffer erhöht. Desweiteren bietet man dem Premium-User die Möglichkeit Nachrichten auch an Kontakte zu versenden, mit denen man nicht vernetzt ist. Die kann vor allem Vorteile bei der Akquise bedeuten. Dem Profil lassen sich Arbeitszeugnisse und Referenzen anderer hinzufügen. Die letzte erwähnenswerte erweiterte Funktion ist das Freischalten der Profilbesucher. Mit dem Standard-Account ist es nicht möglich zu sehen, wer das eigene Profil auf Xing benutzt hat. Die Premium-Mitgliedschaft bietet diesen Service an und zeigt dem Benutzer in einer separaten Leiste wer das Xing-Profil besucht hat. Eine weitere Option stellt das Update auf eine Sales-Mitgliedschaft dar. Diese Erweiterung beinhaltet ebenfalls die Verbesserung der Effizienz der Suchfilter. Bereits bei der Suche werden dabei relevante Vertriebsinformationen detailliert angezeigt. Die Potenziellen Kunden für ein B2B-Unternehmen sind so einfacher zu identifizieren. Die maximale

[79] von 345 Befragten Gesamt, siehe Anhang, Seite IV
[80] von 199 Befragten mit B2B-Geschäftsbeziehungen, siehe Anhang, Seite IV

Anzahl an Ergebnissen bei der Suche nach Profilen von Personen oder Unternehmen werden bei dieser Mitgliedschaft auf 1000 erhöht. Zusätzlich verspricht das Update eine effizientere Erfassung und Verwaltung der Geschäftskontakte. Die Sales-Mitgliedschaft kostet jährlich 359,40 Euro. Insbesondere für Personalberater und Headhunter gibt es die Möglichkeit das Xing-Profil auf die Recruiter-Mitgliedschaft zu erweitern. Diese Mitgliedschaft erweitert die Funktion in einem ähnlichen Umfang wie die der Updates auf Premium- oder Sale-Mitgliedschaften. Zusätzlich bietet es den Nutzern die Möglichkeit exklusive Suchfilter für die Personalsuche einzusetzen sowie relevante Informationen über Kandidaten direkt in der Suchübersicht anzuzeigen. Darüber hinaus bietet die Erweiterung einen Schnellzugriff auf die Korrespondenz mit einer Person. Die Recruiter-Mitgliedschaft verursacht dabei Kosten in Höhe von 479,40 pro Jahr.[81] Die bisher erwähnten Möglichkeiten beziehen sich auf die Möglichkeiten der Nutzung von Xing für Führungskräfte von B2B-Unternehmen oder Arbeitnehmer im Personalbereich. Entscheidet sich ein Unternehmen die Social Media Aktivität auf Xing auszuweiten und eine Unternehmensseite mit Werbemöglichkeiten zu erstellen, bietet Xing verschiedene Optionen für dieses Vorhaben an. Auch bei den B2B-Unternehmensprofilen ist die Basis-Mitgliedschaft kostenlos. Ohne Aufwendungen kann das B2B-Unternehmen eine „Über uns"-Seite erstellen und das Firmenlogo hochladen. Interessante Nachrichten können auf der Seite veröffentlicht werden und es besteht die Möglichkeit Dokumente bereitzustellen. Bei Erweiterung des Basis-Profils auf die Standard-Mitgliedschaft für 298,80 Euro im Jahr wird dem B2B-Unternehmen die Möglichkeit gegeben eine Kontakt-Seite mit Ansprechpartnern hinzuzufügen. Außerdem wird die Auffindbarkeit durch das freie definieren von Schlagwörtern verbessert und die Bearbeitungsmöglichkeiten des Unternehmensprofils auf bis zu fünf Mitarbeiter erweitert. Zusätzlich gibt es die Möglichkeit Bewertungen von Arbeitnehmern sichtbar zu machen. Das Unternehmen kann sich somit potenziellen Bewerbern authentisch und glaubhaft als attraktiver Arbeitgeber präsentieren. Entscheidet sich das B2B-Unternehmen für die Premium-Mitgliedschaft bietet Xing detaillierte Besucherstatistiken sowie eine Traffic-Analyse an. Die Einbindung von Videos – zum Beispiel dem Imagevideo des Unternehmens – wird ermöglicht. Desweiteren besteht die Möglichkeit Grafiken zu verlinken und beliebig oft auszutauschen. Außerdem wird das Unternehmen bei der Suche prominenter dargestellt, sodass das Unternehmensprofil

[81] Vgl. https://www.xing.com/app/

höher gelistet wird und somit schneller zu finden ist. Die Erweiterung auf die Premium-Mitgliedschaft für Unternehmen kostet im Jahr 1.548 Euro.[82] Neben den bereits genannten Mitgliedschaftsoptionen können Unternehmen auf Xing die Werbemöglichkeiten individuell erweitern. „Werbetreibende können auf XING ihre Marken, Produkte und Dienstleistungen in einem seriösen und vertrauenswürdigen Umfeld präsentieren und ihre Zielgruppen dank Targeting basierend auf echten Profildaten zielgerichtet adressieren."[83] Entscheidet sich ein Unternehmen für die Nutzung dieser Werbemöglichkeiten entstehen Kosten je nach Laufzeit im Rahmen von 32.000 Euro im Jahr. Das Unternehmen erwirbt damit die Möglichkeit im Xing-Newsletter mit über 3 Millionen Empfängern erwähnt zu werden sowie das Platzieren von Werbung in bestimmten Rubriken und auf der Startseite. Weitere Werbemöglichkeiten wie Bannerwerbung, Display-Platzierungen oder Targeting[84] Möglichkeiten können individuell gebucht werden und kosten zwischen 1.000 und 10.000 Euro. Darüber hinaus erkennt Xing den Trend der mobilen Nutzung sozialer Netzwerke und bietet ausgeprägte Werbemöglichkeiten innerhalb der Xing-App für Smartphones an, welche von 25% der Xing-User genutzt wird. Die Kosten für die Werbemöglichkeiten auf der Xing-App bewegen sich im Rahmen von 2.500 Euro bis 70.000 Euro.[85]

Das Beispiel Xing zeigt, dass auch ohne beziehungsweise mit geringen Kosten eine Präsenz von B2B-Unternehmen auf sozialen Netzwerken möglich ist. Das Beispiel lässt sich auch auf andere soziale Netzwerke, wie LinkedIn oder Facebook, übertragen. Viele Funktionen können kostenlos genutzt werden und können einen großen Mehrwert bieten. Dies ist ein Vorteil, den kein anderer Werbekanal bieten kann. Möchte man seine Aktivität auf Social Networks erweitern stehen B2B-Unternehmen individuelle Erweiterungsmöglichkeiten zur Verfügung. Auch diese bewegen sich je nach Auswahl im verhältnismäßig geringen Bereich gegenüber Print- oder Fernseh-Werbung.[86] Neben den Kosten für die Nutzung der sozialen Netzwerke sind vor allem die Kosten für die Betreuung der Social Networks, wie in Punkt 3.4.1 beschrieben, zu beachten. Inhalte zu erstellen und zu teilen bindet die Arbeitszeit der Mitarbeiter und ist nicht zu unterschätzen. Insgesamt sind also die Kosten für Social Media Marketing nicht

---

[82] Vgl. https://www.xing.com/companies
[83] Vgl. https://www.xing.com/advertise
[84] Targeting: Zielgruppenansprache, zielgruppenorientierte Einblendung von Werbung auf Webseiten
[85] Vgl. https://www.xing.com/advertise
[86] Vgl. Bodnar, K. / Cohen, L. (2012), S. 3

unbedingt als Risiko anzusehen. Die Ergänzung der klassischen Werbekanäle kann durch effektiven Einsatz von Social Media langfristig sogar zu einer Reduzierung der gesamten Marketingkosten führen.

3.4.3 Fehlendes Know-How

Die Umfrage zeigt, dass ein Drittel der Befragten aus Unternehmen mit Business-to-Business-Geschäftsbeziehungen fehlendes Know-How bei Mitarbeitern als Gegenargument für Social Media sehen. Dieses Gegenargument ist grundlegend als richtig einzustufen. Ein Mangel an Social Media-qualifizierten Mitarbeitern kann die Effektivität von Social Media Marketing negativ beeinträchtigen. Aufgrund der Tatsache, dass es sich beim Social Media Marketing um ein recht neues Marketinginstrument handelt, ist das Wissen bei den meisten Mitarbeitern noch sehr begrenzt. Betrachtet man die Ergebnisse der Umfrage bezüglich der Nutzungsdauer (siehe Abbildung 15, Seite 38) von sozialen Netzwerken kann man Rückschlüsse aus dem Vergleich der Antworten der Befragten ziehen.

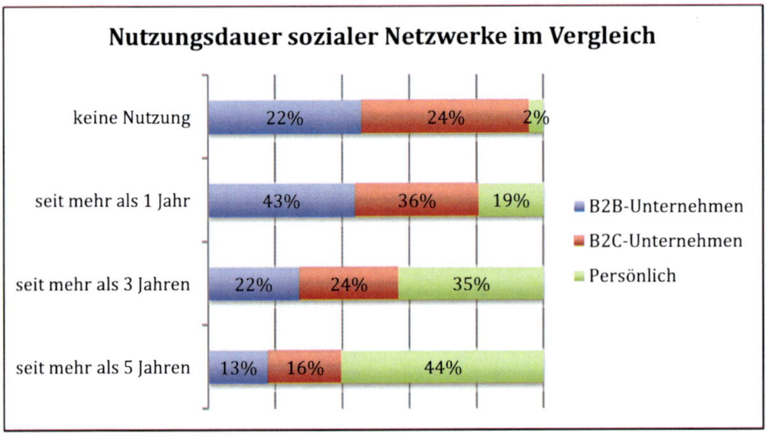

Abbildung 15 - Nutzungsdauer sozialer Netzwerke im Vergleich
Eigene Darstellung, 349 Befragte, 105 aus B2B-, 25 aus B2C-Unternehmen, siehe Anhang, Seite IV

Anhand des Vergleiches der Nutzungsdauer bestätigt sich der Verdacht, dass fehlende Kompetenzen im Bereich Social Media auf die geringe Konfrontation mit dem Thema im Berufsalltag zurückzuführen ist. Zwar nutzen über drei Viertel der Befragten aus B2B- und B2C-Unternehmen die sozialen Netzwerke schon über 3 Jahre, die Unternehmen halten sich bei der Nutzung aber noch sehr zurück. 43 Prozent der B2B-Unternehmen haben ihre Tätigkeit auf sozialen Netzwerken erst in den vergangenen 36 Monaten gestartet, sodass das Know-How der Mitarbeiter aufgrund der kurzen

Nutzungszeit noch sehr begrenzt ist. Auffällig ist außerdem, dass nur ungefähr ein Viertel der B2B- und B2C-Unternehmen noch überhaupt keine Social Networks nutzt. Betrachtet man die Entwicklung der Nutzung über die letzten 5 Jahre, lässt sich der Trend zum Nutzen von sozialen Netzwerken erkennen. Hierbei sind die Unterschiede von B2B- zu B2C-Unternehmen nur unwesentlich.[87] Setzt sich dieser Trend fort, werden schon bald fast alle B2B-Unternehmen eine Präsenz auf den sozialen Netzwerken haben. Möchte ein B2B-Unternehmen dann nicht den Anschluss verlieren, muss es sich in naher Zukunft mit dem Thema Social Media befassen. Das fehlende Know-How der Mitarbeiter sollte daher durch Schulungen und Seminare zu dem Thema Social Media Marketing vertieft werden. Bei genauer Einhaltung der Social Media Strategie und Einbindung der Mitarbeiter in dieses Thema sollten die Wissenslücken in kurzer Zeit zu schließen sein. Da Unternehmen auf B2B-Märkten Social Networks erst seit relativ kurzer Zeit nutzen, ist ihr Wissensvorsprung noch überschaubar.

3.4.4 Grundvoraussetzungen für Unternehmen

Viele Gründe sprechen für Social Media Marketing, einige sprechen dagegen. Für eine geringe Anzahl an Business-to-Business-Unternehmen ist es unter bestimmten Bedingungen nicht sinnvoll Social Media einzusetzen. In einem Blogbeitrag im Jahre 2009 definierte der Buchautor und Blogger Kipp Bodnar den Beitrag „5 cases when Social Media isn´t right for B2B“. Diese sind auch für Unternehmen auf B2B-Märkten in Deutschland zutreffend. Die Gründe schließen ein Social Media Engagement nicht aus, es sollte aber zumindest einen geringeren Stellenwert in der Marketing-Strategie eines Unternehmens einnehmen.

Als Hauptvoraussetzung sollte ein Unternehmen über mehr als fünf potenzielle Kunden verfügen. In einigen Branchen existieren B2B-Unternehmen welche in einer Marktnische die Bedürfnisse der Kunden erfüllen. Das Kundenpotenzial in dieser Nische oder Branche ist oftmals nur in einer geringen Anzahl vorhanden. Das verfügbare Marketingbudget sollte in diesem Fällen für das Direktmarketing, wie zum Beispiel Events mit den Kunden oder persönliche Meetings, eingesetzt werden. Social Media Marketing bietet aufgrund der nicht nutzbaren Viralität in diesem Fall keine Vorteile. Im Rahmen der Umfrage wurde den Befragten mit Unternehmen auf B2B-Märkten ebenfalls die Frage nach Gründen, welche gegen ein Social Media Engagement

[87] 349 Befragte, 105 aus B2B-Unternehmen, 25 aus B2C-Unternehmen, siehe Anhang, Seite IV

sprechen, gestellt. 49% der Befragten gaben hierbei als Grund eine ungeeignete Branche oder ein ungeeignetes Produkt an.[88]

Eine weitere Hauptvoraussetzung ist die unternehmensinterne Zustimmung für Social Media Aktivitäten. Eine Social Media Strategie erfordert eine breite Zustimmung von allen Geschäftsbereichen in einem Unternehmen. Dies gilt vor allem für die Führungsebene. Fehlt die breite Akzeptanz gegenüber Social Media, ist das Scheitern der Aktivitäten vorprogrammiert. Sollten ihre Kunden in ihrer IT hohe Sicherheitsbeschränkungen haben – zum Beispiel bei Lieferungen von Produkten an das Militär – kann es sein, dass Social Media Möglichkeiten von einer Firewall blockiert werden. In diesem Fall ist es ebenfalls ratsam, den Social Media Marketing eine geringe Priorität zuzuweisen. Häufig werden kurzfristige Vertriebserfolge als Ziele der Kommunikation benannt. Auch wenn direkte Messbarkeit von Social Media Marketing umstritten ist, besteht durchaus die Möglichkeit den Absatz der Produkte oder Services positiv zu beeinflussen. Allerdings ist dies in den meisten Fällen nicht in einem kurzfristigen Zeitraum möglich. Sollte ein Marketingbudget bereit gestellt sein, welches die kurzfristigen Verkaufsziele fördern soll, ist Social Media Marketing das falsche Instrument.. In diesem Fall sollte auf die klassischen Werbekanäle wie Fernseh- oder Printwerbung zurückgegriffen werden. Das Social Media Marketing soll langfristig Vertrauen in das Unternehmen und seine Produkte oder Marken schaffen. Der Vertrauensaufbau durch Social Media Marketing wird erst über einen längerfristigen Zeitraum wachsen. In einigen Fällen kann das Social Media Marketing auch kurzfristig für Erfolge sorgen. So wurde im Juli 2012 ein Kickstarter-Projekt eines Projektteams aus Los Angeles gestartet. Die Projektleiter hatten das Ziel eine neue Videospielkonsole auf den Markt zu bringen und benötigten ein Startkapital von 950.000 US-Dollar innerhalb von 30 Tagen. Der Aufruf zur Unterstützung dieses Projektes wurde rasend schnell über soziale Netzwerke wie Facebook, Twitter und Google+ verteilt. Über die sozialen Netzwerke wurde den Unterstützern außerdem die Möglichkeit gegeben mit den Entwicklern in Kontakt zu treten um Wünsche zu äußern und Fragen zu stellen. Darüber hinaus wurde über einen Blog eine Umfrage gestartet, welche Spiele sich die Unterstützer für die Konsole wünschen. Der Blog wurde laufend mit neuen Informationen, Bildern und Videos aktualisiert und über die Social Networks verteilt.

[88] 203 Befragte mit B2B-Geschäftsbeziehungen, siehe Anhang, Seite IV

Die Unterstützer wurden also direkt an dem Projekt beteiligt und angehört. Viele Ideen der User wurden innerhalb weniger Stunden aufgenommen und sollen umgesetzt werden. Das Ziel von 950.000 US-Dollar wurde innerhalb von nur 8 Stunden erreicht.[89] Zum Ende der Ablauffrist betrug die gesamte Spendensumme der 63.416 Unterstützer nach 30 Tagen 8.596.475 US-Dollar. [90] Die Konsole wird somit im März 2013 erscheinen. Dieses Beispiel zeigt, dass es unter bestimmten Umständen möglich ist auch kurzfristig Verkaufsziele mit der Unterstützung von Social Media Marketing erreichen zu können.

Die letzte Voraussetzung ist das Bereitstellen von ausreichend Ressourcen für die Social Media Aktivitäten. Auch wenn das Eröffnen eines Accounts[91] oft kostenlos oder wenig kostenintensiv ist, sollte bedacht werden, dass die Betreuung der Social Media Aktivitäten Zeit kostet. Viele Unternehmen machen den Fehler und unterschätzen den Zeitansatz. Die verfügbare Arbeitszeit, um sich um die Social Media Plattformen zu kümmern, ist ein kritischer Faktor für den Erfolg von Social Media Marketing.[92]

3.4.5 Kontrollverlust und Veränderung der Unternehmenskultur

Traditionell geprägte Business-to-Business-Unternehmen fürchten vor allem einen Kontrollverlust durch Einsatz von Social Media. Dabei fürchtet sich das Unternehmen sowohl vor den Inhalten, welche über Social Media nach Außen kommuniziert werden sollen, als auch über die Inhalte, welche über das Unternehmen im Social Web auftauchen könnten. Die Umfrage bestätigt die Angst des Kontrollverlustes. 37 Prozent der Befragten aus B2B-Unternehmen sehen dies als ein Argument, welches gegen den Einsatz von Social Media im Berufsalltag spricht. Dieses Ergebnis zeigt, dass viele dem Social Media Marketing immer noch mit Misstrauen gegenüber stehen. Um die Angst vor dem Kontrollverlust durch Social Media zu nehmen, sollten Unternehmen zum einen über eine Veränderung der Unternehmenskultur nachdenken und zum anderen eine genaue Social Media Strategie festlegen.

Speziell im B2B-Bereich, welcher geprägt von traditionellen, mittelständischen Industrieunternehmen ist, ist dieser Wandel der Unternehmenskultur nötig, damit das

---

89 Vgl. http://www.ingame.de/hardware
90 Vgl. http://www.kickstarter.com/projects
91 Account = engl. für Benutzerkonto
92 Vgl. Bodnar, K. / Cohen, L. (2012), S. 6-7

Potenzial von Social Media vollständig ausgenutzt werden kann.[93] Hierbei sind vor allem die Öffnung der Unternehmenskultur und ein angepasster Führungsstil notwendig. Eine Social Media Strategie muss von der Führungsebene und den Mitarbeitern akzeptiert werden. Unstimmigkeiten laufen Gefahr in der Welt des Social Web aufgedeckt zu werden. „Ein Unternehmen kann langfristig nicht anders nach außen agieren, als es intern ist.“[94] In vielen Branchen macht sich bereits ein Wandel in der Arbeitshaltung der Mitarbeiter bemerkbar. Ein offeneres, informierendes Handeln wird der bisherigen Verschlossenheit gegenüber Mitarbeitern vorgezogen. Auch die teils starren Strukturen und Hierarchien in deutschen B2B-Unternehen müssen gelockert werden, denn der Einsatz von Social Media verlangt, dass ein Unternehmen seinen Mitarbeitern gegenüber bereit ist sich zu öffnen und ihnen Freiheiten gewährt. Entscheidet sich ein B2B-Unternehmen für den Einstieg ins Social Web muss es sich zumindest in Teilen von der Kontrolle über die Kommunikation verabschieden, damit die Beiträge in sozialen Netzwerken authentisch sind. Eine Überprüfung jedes Beitrages von einem Mitarbeiter über die verschiedenen Social Media-Kanäle wäre auch aus zeitlichen Gründen nicht praktikabel.[95] Entscheidet sich ein B2B-Unternehmen für den Einsatz von Social Media, ist eine Voraussetzung für eine breite Akzeptanz bei den Mitarbeitern die Freigabe der Nutzung sozialer Netzwerke während der Arbeitszeit. Der Mehrwert von Social Media gegenüber dem Arbeitszeitverlust sollte dabei unbedingt erkannt werden. Die Ergebnisse der Umfrage zeigen, dass B2B-Unternehmen diesen Mehrwert bereits erkannt haben. 69 Prozent der Befragten aus B2B-Unternehmen dürfen soziale Netzwerke während der Arbeitszeit nutzen. Bei den B2C-Unternehmen scheint die Akzeptanz von sozialen Netzwerken sogar geringer zu sein. Mit 49 Prozent wird damit nur knapp weniger als die Hälfte der Mitarbeiter in B2C-Unternehmen das Nutzen sozialer Netzwerke während der Arbeitszeit gestattet.[96] Das Nutzen der sozialen Netzwerke während der Arbeitszeit sollte dabei selbstverständlich nur für berufliche Kommunikation genutzt werden. Die Befürchtung, dass die Mitarbeiter die sozialen Netzwerke für den privaten Austausch nutzen und damit wertvolle Arbeitszeit verschwenden war eines der häufigsten Argumente, welche von Mitarbeitern von B2B-Unternehmen als Gegenargument für Social Media aufgeführt wurde.

---

[93] Vgl. Pleil, T. (2010), S. 34
[94] Vgl. Pleil, T. (2010), S. 32
[95] Vgl. Pleil, T. (2010), S. 34-36
[96] von 209 Befragten, 158 mit B2B-, 51 mit B2C-Geschäftsbeziehungen, siehe Anhang, Seite IV

Letztlich beeinflusst auch der Führungsstil eines Unternehmens die interne und externe Kommunikation. Der Kommunikationsfluss ist hierbei meist sehr einseitig und lässt keine Reaktion der Mitarbeiter zu. Für ein Social Media-Engagement ist dies keine gute Voraussetzung. Vielmehr sollte ein B2B-Unternehmen Kommunikationsflüsse in alle Richtungen zulassen.

3.4.6 Privatsphäre

„Die Kultur der scharfen Trennung zwischen privaten und nichtprivaten Lebensbereichen ist eine Spezifikation des deutschen Kulturkreises."[97] Wie in Abschnitt 3.4.5 beschrieben sollte sich die Unternehmenskultur von Business-to-Business offener und vertrauensvoller gestalten. Aber wie sieht es mit den Mitarbeitern aus? Wie stehen diese den möglichen Social Media Aktivitäten gegenüber? Die Umfrage zeigt, dass bezüglich dieses Themas eine große Unsicherheit herrscht. 37 Prozent der Befragten aus B2B-Unternehmen sehen beim Einsatz von Social Media-Plattformen einen Eingriff in die eigene Privatsphäre und damit einen Grund gegen die Nutzung von Social Media im Berufsalltag. Zählt man zu den Befragten aus B2B-Unternehmen noch die Mitarbeiter aus B2C-Unternehmen sowie Studenten und Schüler als zukünftige Arbeitnehmer dazu, sehen insgesamt 43 Prozent den Eingriff in die eigene Privatsphäre als Gegenargument für die Nutzung von Social Media im Berufsalltag. Diese Ergebnisse verdeutlichen, wie wichtig die Veränderung in der Unternehmenskultur ist. Den Mitarbeitern muss mehr Freiheit und Vertrauen gegeben werden, damit sie sich stärker mit dem Unternehmen identifizieren können. Dies kann zum Beispiel durch das Entwickeln von Social Media-Regeln gefördert werden. Diese Regeln sollten dabei gemeinsam mit den Mitarbeitern ausgearbeitet werden, um die Bedürfnisse der Mitarbeiter in diesem Themenkomplex zu befriedigen. Schulungen und Informationen zum Thema Social Media sollten den Mitarbeitern die Bedeutung von Social Media vermitteln und ihnen den Mehrwert auch für die eigenen Aufgaben im Job vermitteln. Letztlich wird es auch bei Beachtung der genannten Vorschläge immer noch Personen geben, die sich den Social Media Plattformen verschließen. Auch diese Haltung sollte dann akzeptiert werden, denn ein aufzwingen von Social Media wird nicht den gewünschten Erfolg bringen.

[97] Pleil, T. (2010), S. 34

3.4.7 Return on Investment

Ein häufiges Argument gegen die Nutzung von Social Media in Business-to-Business-Unternehmen stellt die Berechnung des Return on Investment (ROI) dar. Die Probleme, welche zu der Berechnung des ROI führen, sind vor allem fehlende Tools, um die Daten zu filtern und zu sammeln sowie die fehlenden Kenntnisse, welche Kennzahlen für die Berechnung des ROI von Social Media relevant sind.[98]

Der ROI lässt sich jedoch entgegen der Aussagen einiger Kritiker mit klar definierten Zielen über gesammelte Daten und generierte Kontakte festhalten. [99] Bei der Berechnung des ROI von Social Media Marketing sollte dem B2B-Unternehmen allerdings klar sein, dass der ROI nicht der entscheidende Faktor für die Entscheidung für oder gegen Social Media sein sollte. Im Vordergrund der Entscheidung sollten weiterhin die immateriellen Vorteile wie Optimierung der Kundenbeziehungen, erhöhte Markt- und Kundenkenntnisse oder die Möglichkeit ein kontinuierliches Feedback zu erhalten. Die Vergangenheit zeigt, dass auch ohne die starre Berechnung des ROI Entscheidungen getroffen werden können. Speziell im Marketingbereich und vor allem im Social Media Marketing ist die Berechnung des ROI daher umstrittener als beispielweise im Vertrieb. Das Entwerfen einer Standard-Formel zur Berechnung des Social Media ROI ist schon aufgrund der fehlenden Einbindung der Strategie und Ziele nicht möglich. Andererseits bietet das Internet ausreichend Statistiken und Tools, um Ansätze zur Berechnung des ROI von Social Media Marketing zu liefern. Die zahlreichen Ansätze den ROI von Social Media zu berechnen hat der Blog-Autor Herbert Peck in einem Blogeintrag aus dem Jahre 2011 zusammengefasst. In seinem Beitrag werden ebenfalls einige Tools zur Berechnung des ROI vorgestellt.[100] Auch dieser Autor ist der Meinung, dass der ROI schwer zu messen ist. Je klarer die Ziele des Social Media Marketings definiert werden, umso besser lässt sich der ROI nach seinen Aussagen berechnen. Eine oftmals genannte Formel in der Literatur aus den Vereinigten Staaten von Amerika bietet ebenfalls Ansätze zur Berechnung des ROI von Social Media Marketing. Die Formel wird kurz für den deutschen Markt aufgezeigt und mit Beispielen verdeutlicht. Zunächst einige Begrifflichkeiten, welche für die Nutzung der Formel Voraussetzung sind:

[98] Vgl. Bodnar, K. / Cohen, L. (2012), S. 51
[99] Vgl. Pleil, T. (2010), S. 18
[100] Vgl. http://www.ishpc.de/2011

Besucher = Anzahl der Besucher und potenziellen Kunden, welche mit dem gewählten Medium erreicht werden können. In diesem Beispiel gehen wir von 100 Besuchern aus.

Konversionsrate = Kennzahl, welche die Wirksamkeit einer Werbemaßnahme ermittelt. Um die Konversionsrate zu berechnen, wird die Anzahl der Käufer durch die Anzahl der Besucher dividiert. In diesem Beispiel gehen wir davon aus, dass von 100 Besuchern 2 später einen Kauf beim B2B-Unternehmen tätigen werden. Die Konversionsrate beträgt damit 2 Prozent.

Umsatz = Zur Berechnung der Formel wird der durchschnittliche Umsatz eines Kunden während seiner gesamten Lebensspanne berechnet. In diesem Beispiel gehen wir davon aus, dass ein Kunde in seiner gesamten Lebensspanne einen Umsatz von 50.000 Euro erzielt.

Gewinnspanne = Hier wird die Gewinnspanne eines Unternehmens eingesetzt. In diesem Beispiel rechnen wir mit einem Gewinn von 5.000 Euro, also einer Gewinnspanne von 10 Prozent vom generierten Umsatz.

Kosten = Die Berechnung der Gesamt-Kosten für die Akquisition. In diesem Beispiel rechnen wir mit Kosten von 3.000 Euro für das Erstellen eines neuen professionellen Produktfilmes auf der Social Media-Plattform YouTube.[101]

Die Formel für die Berechnung des ROI von Social Media lautet (siehe Abbildung 16, Seite 45):

$$\textbf{ROI} = \frac{\textbf{(Besucher x Konversionsrate x Umsatz x Gewinnspanne) – Kosten}}{\textbf{Kosten}}$$

Abbildung 16 - Formel zur Berechnung des ROI von Social Media Marketing
Eigene Darstellung, vgl. Gillin, P. / Schwartzman, E. (2011), S. 5

Setzt man die Werte in die Formel ein, ergibt sich folgendes Ergebnis (siehe Abbildung 17, Seite 45):

$$\textbf{233\%} = \frac{\textbf{100 x 0,02 x 50.000 x 0,10 – 3.000}}{\textbf{3.000}}$$

Abbildung 17 - Beispielberechnung des ROI von Social Media Marketing
Eigene Darstellung

Die Ergebnisse des ROI von Social Media Marketing Maßnahmen können anhand der Formel mit anderen Ergebnissen verglichen werden. Beispielhaft ist in der folgenden

[101] Vgl. Gillin, P. / Schwartzman, E. (2011), S. 210

Grafik (siehe Abbildung 18, Seite 46) die Berechnung des ROI unseres oben genannten Beispiels sowie einer weiteren Social Media Plattform zu erkennen.

	Produkt-Video YouTube	Experten-Podcast Twitter	Produkt-Fotostrecke Facebook
Besucher	100	500	90
Konversionsrate	2 %	1 %	1,5%
Umsatz	50.000 €	50.000 €	50.000 €
Gewinnspanne	10 %	10 %	10 %
Kosten	3.000 €	10.000 €	2.500 €
ROI	**233 %**	**150 %**	**170%**

Abbildung 18 - Vergleich des ROI von verschiedenen Social Media-Plattformen
Eigene Darstellung, in Anlehnung an: Gillin, P. / Schwartzman, E. (2011), S. 210

Anhand des Vergleiches lässt sich erkennen, dass der erwartete ROI bei einer Veröffentlichung eines Produkt-Videos auf YouTube am höchsten ist. Die Rendite eines aufwendig aufgezeichneten Podcasts mit Expertengesprächen über mehrere Folgen oder eine kostengünstigere Fotostrecke ist dabei als geringer einzuschätzen.

Die Versuche den ROI zu berechnen sollen B2B-Unternehmen lediglich einen Ansatz der Möglichkeiten aufzeigen. Wie bereits erwähnt, ist die Berechnung des ROI keine optimale Kennzahl für Erfolg oder Misserfolg von Social Media. Vielmehr sollten B2B-Unternehmen die immateriellen Vorteile und den daraus resultierenden Mehrwert von Social Media Marketing erkennen.

3.4.8 Shitstorm

Im Jahr 2012 kam es immer häufiger vor, dass große Unternehmen Zielscheibe wütender Social Network User wurden. Bei dem Begriff Shitstorm handelt es sich um einen „Sturm der Entrüstung in einem Kommunikationsmedium des Internets, der zum Teil mit beleidigenden Äußerungen einhergeht". In den vergangenen Wochen haben unter anderem der Telekommunikationsanbieter Vodafone, die Fastfood-Kette McDonald´s, das Modehaus H&M sowie das im Fernsehen ausgestrahlte Wissensmagazin Galileo des Senders Pro Sieben mit diesem Phänomen zu kämpfen. Der Ablauf eines Shitstorms ist dabei immer ähnlich. Im Falle von Vodafone beschwerte sich ein Kunde über falsch ausgestellte Rechnungen auf der Facebook-Seite des Unternehmens. Innerhalb kürzester Zeit kam es auf dem sozialen Netzwerk zu einer breiten Verteilung des Eintrages. Etliche andere Kunden teilten die Meinung des Kunden und kommentierten den Beitrag mit eigenen Erfahrungen. Innerhalb weniger

Tage erhielt der Beitrag 145.000 Zustimmungen und 14.400 Kommentare.[102] Vodafone reagierte zwar zu spät, dennoch mit einem offenen Dialog mit den Kunden auf der Facebook-Seite. Die Social Media Abteilung verkündete, dass man die Meinung und Kommentare zu dem Thema schätzt und weiterhin den Dialog mit den Kunden wünscht. Außerdem wurde zunächst Klärung mit dem Kunden zugesagt. Später verkündete Vodafone, dass das Problem mit dem Kunden zu seiner Zufriedenheit geklärt werden konnte. [103] Bisher sind Fälle von Shitstorms nur bei Business-to-Customer-Geschäftsbeziehungen bekannt. Bei B2C-Geschätsbeziehungen ist die Gefahr einen Shitstorms deutlich höher, da ein B2B-Unternehmen in der Regel einen kleineren Kundenkreis vorzuweisen hat.[104] Jedes Unternehmen sollte in seiner Social Media Strategie festlegen, wie in solchen Fällen verfahren werden soll. Eine zeitnahe Reaktion auf Beiträge dieser Art ist unerlässlich, damit sich die negativen Kommentare nicht wie ein Lauffeuer verbreiten. In Zukunft wird zu beobachten sein, ob sich dieser Trend weiter fortsetzt. Gerade in Branchen wie Telekommunikation, Verkehr und Lebensmittel wird es immer wieder zu negativen Kommentaren kommen. Bei den bisher vorliegenden Shitstorms konnte jedoch keine eindeutige negative Beeinflussung eines Unternehmensimages nachgewiesen werden. Die Aufmerksamkeit lag einige Tage nach den Shitstorms schon wieder auf anderen Ereignissen.[105] Weiterhin gab es bereits kritische Stimmen, welche die Echtheit der Shitstorms anzweifeln. So kommt der Blogger Kai Thrun zu dem Fazit „Die .. Analyse zeigt, dass es .. zu viele Parallelitäten gibt, dass es sich hier um wirkliche Kundenanstürme der Entrüstung handelt. Interessant könnten diese Szenarien für Dienstleister von Monitoring und Früherkennungs-Software sein, um mit den vorgefertigten Analysen dann Neugeschäftsbemühungen anzustreben. ... Spätestens, wenn man die chronologischen Abläufe unter die Lupe nimmt, sieht man deutlich: Hier wurde nachgeholfen."[106] Unter Umständen versuchen hier also Unternehmen, welche ihr Geld mit dem Schutz vor solchen Social Media Gefahren verdienen, die unwissenden Kunden zu verunsichern. Ob durch Shitstorms ein langfristiger Imageschaden entstehen kann und ob diese in Zukunft eine Rolle spielen, bleibt also abzuwarten.

---

[102] Vgl. http://www.focus.de/digital
[103] Vgl. https://www.facebook.com/vodafoneDE
[104] Vgl. Gillin, P. / Schwartzman, E. (2011), S. 48
[105] Vgl. http://lumma.de/2012
[106] http://kaithrun.de/der-gekaufte-shitstorm/

3.5 Relevante soziale Netzwerke für B2B-Unternehmen

Die Möglichkeiten und Grenzen des Social Media Marketings auf B2B-Märkten wurden bereits analysiert. Im folgenden Abschnitt sollen die wichtigsten sozialen Netzwerke für B2B-Unternehmen in Deutschland kurz vorgestellt werden.

Zu den wichtigsten Social Network Plattformen gehören Facebook und Google+, der Kurznachrichtendienst Twitter, die Berufsnetzwerke LinkedIn und Xing und das in der Vergangenheit größte deutsche soziale Netzwerk der VZ-Netzwerke. Neben den bereits genannten Social Media Diensten spielen vor allem Plattformen für das Teilen von Audio-, Bilder- und Videodateien eine große Rolle. Hier haben sich YouTube im Videobereich, sowie Instagram und Pinterest im Bilderbereich als lohnenswerte Tools für Unternehmen auf B2C- und B2B-Märkten herauskristallisiert.

In der folgenden Grafik werden die Nutzerzahlen der im weiteren Verlauf der Studie relevanten Netzwerke im Zeitraum vom April bis August 2012 weltweit gegenübergestellt (siehe Abbildung 19, Seite 48).

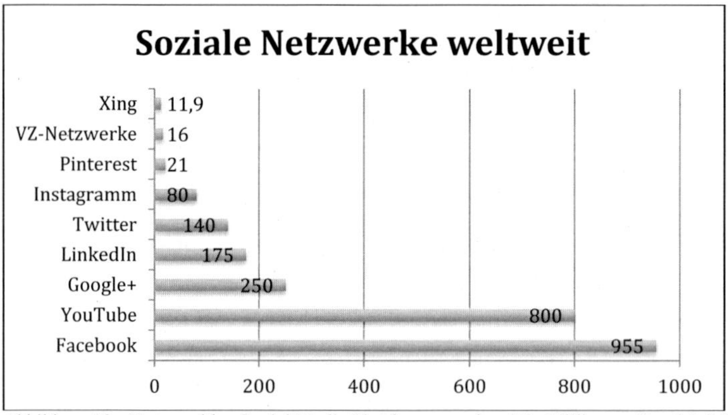

Abbildung 19 - Nutzerzahlen Social Media Plattformen weltweit in Millionen, Stand Juli 2012
Eigene Darstellung, Daten aus: http://www.spiegel.de/netzwelt; http://www.youtube.com/t/; http://www.spiegel.de/wirtschaft; http://blog.instagram.com/post; http://www.netzideen-gmbh.de/blog http://www.socialmediastatistik.de/twitter-hat-jetzt-mehr-als-500-millionen-nutzer; http://www.welt.de/print; http://linkedinsiders.wordpress.com/2012

Facebook dominiert die Social Media Welt weiterhin. Das Wachstum von Google+ innerhalb einen Jahres ist beachtlich, trotzdessen zählt das Social Network gerade einmal ein Viertel der Anzahl an Facebook-Usern. LinkedIn überragt mit seinen Nutzerzahlen als Berufsnetzwerk und reiht sich damit vor Twitter und hinter den drei größten Social Media Plattformen an vierter Stelle ein. Beachtlich sind die Userzahlen der Bildnetzwerke Instagramm und Pintarest. Das simple teilen von Bildern scheint ein neuer Trend in der Social Media Welt zu sein und beide Netzwerke steuern in großen Schritten auf die großen Social Networks zu. Facebook erkannte diesen Trend und tätigte im Mai 2012 mit der Übernahme von Instagramm für eine Milliarde US-Dollar den bisher größten Zukauf der Firmengeschichte.[107] Die beiden deutschen Netzwerke Xing und die VZ-Netzwerke spielen weltweit gesehen kaum eine Rolle. Mit jeweils deutlich unter 20 Millionen Usern liegen beide Netzwerke schon weit hinter dem erst im März 2010 gestarteten Pinterest und das obwohl beide sozialen Netzwerke schon deutlich länger am Markt vorhanden sind.

Die folgende Grafik zeigt die Nutzerzahlen der sozialen Netzwerke in Deutschland (siehe Abbildung 21, Seite 49).

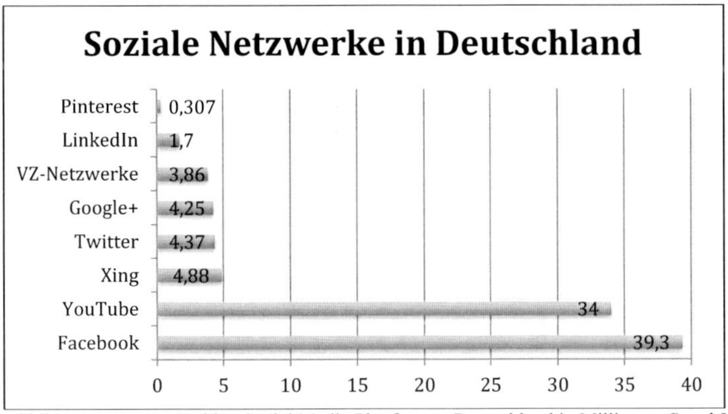

Abbildung 20 - Nutzerzahlen Social Media Plattformen Deutschland in Millionen, Stand Juli 2012 eigene Darstellung, Daten aus: http://de.statista.com/statistik; http://www.gruppenwissen.de/wissen http://linkedinsiders.wordpress.com/2012; http://www.socialmediastatistik.de/pinterest-visits-deutschland-april

Bei der Betrachtung der Nutzerzahlen in Deutschland ergeben sich zunächst einige Parallelen zu den globalen Userzahlen. Facebook und YouTube dominieren auch in Deutschland die Rankings der meistgenutzten Social Media Plattformen. Google+ und Twitter haben im Gegensatz zu den weltweiten Nutzerzahlen einen relativ kleinen Anteil in der deutschen Social Media Landschaft. Bei Google+ lässt sich dieses sicher noch mit der Tatsache erklären, dass es sich um das neueste aller sozialen Netzwerke handelt und erst seit circa einem Jahr nutzbar ist. Wenn man bedenkt, dass die User Google+ am Anfang nur in Folge von Einladungen beitreten konnten, ist das Ergebnis

[107] Vgl. http://www.welt.de/wirtschaft

sicher noch positiver einzustufen. Twitter hingegen hängt in Deutschland seit dem Launch zurück und wird bisher nicht annähernd so gut wie in anderen europäischen Ländern angenommen. Ein neu formiertes Twitter-Team in Deutschland scheint momentan für einen Aufschwung zu sorgen – in den letzten 12 Monaten sind die Nutzerzahlen in Deutschland um 37 Prozent angestiegen. [108] Im Bereich der Berufsnetzwerke führt Xing die Rangliste klar vor LinkedIn an. Etwa die dreifache Nutzerzahl verzeichnet das in Deutschland ansässige Unternehmen und sorgt damit sicherlich auch für das eher schwache Ergebnis von LinkedIn. Die VZ-Netzwerke, welche 2009 ein Kaufangebot von Facebook ablehnten, liegen in der Statistik noch knapp hinter Google+, Twitter und Xing. Bei Betrachtung der stark rückläufigen Userzahlen der VZ-Netzwerke von 77 Prozent innerhalb eines Jahres, muss man kein Prophet sein, um zu erkennen, dass dieses Social Network in den nächsten Jahren vollständig von der Bildfläche verschwinden wird. Vor einem Jahr hatten die VZ-Netzwerke noch das größte soziale Netzwerk in Deutschland dargestellt. Neben dem rasanten Aufstieg von Facebook hat das Ignorieren technischer Neuerungen, wie zum Beispiel Angebote für Smartphones und Anwendungen von Drittanbietern, zum Niedergang der VZ-Netzwerke geführt. Pinterest ist auf dem deutschen Social Media Markt noch unbekannt und liegt mit 307.000 Usern abgeschlagen auf dem letzten Platz. Für das weltweit erfolgreiche Bild-Netzwerk Instagramm stehen für den deutschen Markt leider keine Nutzerzahlen zur Verfügung. [109]

3.6 Fallbeispiel

Es gibt zahlreiche Beispiele für das erfolgreiche Betreiben des Social Media Marketings von Unternehmen mit B2C-Geschäftsbeziehungen. Die wenigen positiven Fallbeispiele von Unternehmen mit B2B-Geschäftsbeziehungen werden durch ein durchgeführtes Interview mit einem deutschen Unternehmen, welches sowohl B2B- als auch B2C-Geschäftsbeziehungen führt, ergänzt. .Hierbei handelt es sich um die „Verdener Keks- und Waffelfabrik Hans Freitag GmbH & Co. KG“ (kurz: „Hans Freitag“). [110] Hans Freitag ist ein traditionelles mittelständisches Unternehmen mit circa 350 Mitarbeitern. Das Unternehmen ist in der Lebensmittelindustrie einzuordnen und hat sich auf die Herstellung von Keks- und Waffelgebäck spezialisiert. Das Unternehmen vertreibt die 130 verschiedenen Produkte auf verschiedenen Absatzmärkten mit einem Umsatz von

---

[108] Vgl. http://t3n.de/news
[109] Vgl. http://www.futurebiz.de/artikel
[110] Vgl. http://www.hans-freitag.de/welcome

60 Millionen Euro im Jahr 2011. Der Anteil der Handelsmarken und damit B2B-Handelsbeziehungen liegt bei circa 80 Prozent, der restliche Anteil wird auf B2C-Märkten unter der Marke „Hans Freitag“ vertrieben. Aufgrund des hohen Anteils von B2B-Geschäftsbeziehungen und dem Vorteil, dass das Unternehmen die Einflüsse von Social Media Marketing auf B2B- und B2C-Märkten beurteilen kann, wurde ein Telefoninterview mit Frau Linda Grohe geführt. Frau Grohe kümmert sich neben dem Einkauf um die Social Media Aktivitäten des Unternehmens.

Wie bereits in Punkt 3.2 dieser Fachliteratur ermittelt, nutzen 32 Prozent der B2B-Unternehmen einen eigenen Blog. Im Jahr 2011 startete Hans Freitag mit einem ähnlichen Vorhaben die Social Media Aktivitäten mit dem „Keksblog“.[111] Der Blog, welcher sich mit Infos über die Branche, neuen Produkten, Rohstoffentwicklungen, dem Unternehmen, den Mitarbeitern und verschiedenen anderen Themen beschäftigt, wird seitdem von der Geschäftsführerin Anita Freitag-Meyer und Frau Grohe mit Inhalten versorgt. Parallel zum Blog wurden die Aktivitäten auf Facebook, Twitter und YouTube gestartet. Das Ziel der Social Media Aktivitäten lag bei Beginn ausdrücklich nicht bei der direkten Umsatzsteigerung. Vielmehr sollte die Beziehung zu B2B- und B2C-Kunden durch den Einsatz von Social Media transparenter werden, um somit das Vertrauen der Kunden zu stärken. Ein weiteres Ziel war die Bekanntheit und die Reichweite der Eigenmarke Hans Freitag und den Handelsmarken zu erhöhen. Hierbei ist zu betonen, dass das bewerben von Handelsmarken auf Social Media-Plattformen oftmals von den Handelsketten und damit B2B-Kunden nicht gewünscht ist. In einigen Fällen kann das Handelsunternehmen aber sogar von den Social Media Aktivitäten Hans Freitags profitieren – zum Beispiel wenn der Kunde über soziale Netzwerke erfährt, wo man die Produkte von Hans Freitag aktuell kaufen kann. Hans Freitag übernimmt in diesem Fall indirekt einen Teil der Werbung des Handelsunternehmens und kann damit die Kundenbindung verbessern. Um die Akzeptanz von Social Media bei den Mitarbeitern zu erhöhen, wurden nach Start der Social Media Aktivitäten Computer in der Kantine aufgestellt, damit auch Mitarbeiter aus der Produktion, welche über keinen Computer verfügen, den Blog und die Beiträge auf sozialen Netzwerken verfolgen können. Hans Freitag implementiert das Social Media damit vorbildlich in die Unternehmenskultur und lässt die Mitarbeiter an den Aktivitäten teilhaben.

[111] Vgl. http://www.keksblog.com

Gelegentliche Informationen über die Mitarbeiter von Hans Freitag auf dem Blog zeigen, dass die Mitarbeiter sich dem Thema nicht verschließen und die moderne Unternehmenskultur unterstützen. Damit tragen die Mitarbeiter ebenfalls zu der verbesserten Beziehung zu den B2B- und B2C-Kunden bei, welche durch das Lesen des Blogs intensiviert werden. Die Bilanz nach etwas über einem Jahr nach dem Start der Social Media Aktivitäten fällt dabei absolut positiv aus. Vor allem der Blog hat für positives Feedback gesorgt und konnte im Jahr 2012 den deutschen Preis für den Unternehmensblog des Jahres beim deutschen Onlinekommunikationspreis gewinnen. Hans Freitag konnte sich im Rahmen der Verleihung gegen namenhafte Gegner wie CNN oder Otto durchsetzen.[112] Die Betreuung des Blogs durch das Einstellen von Beiträgen oder Medien wie Fotos oder Videos in den Social Networks nimmt an manchen Tagen bis zu zwei Stunden in Anspruch und wird neben den Haupttätigkeiten von Frau Freitag-Meyer und Frau Grohe durchgeführt. Die Social Media Aktivitäten liegen dabei eng bei der Führungsebene und werden von allen Seiten unterstützt. Durch das Erstellen einiger Beiträge von der Geschäftsführerin Frau Freitag-Meyer können die Kunden eine Beziehung zu der Führungsebene des Unternehmens aufbauen. Darüber hinaus werden die Social Media-Plattformen nahezu 24 Stunden am Tag betreut. Bei Fragen der Kunden, zum Beispiel zu Inhaltstoffen der Produkte, wird sich umgehend um das Anliegen der Kunden gekümmert. Der Support über die Social Networks stellt also für B2B- und B2C-Kunden einen klaren Mehrwert dar. Das Beispiel zeigt aber auch, dass sich die Erkenntnisse dieser Untersuchung bestätigen – Social Media Marketing bindet Zeit und kann nicht „nebenbei“ erledigt werden. Ein weiterer Erfolg im B2B-Bereich ist das Einführen eines Online-Shops im letzten Jahr. Die sozialen Netzwerke haben die Bekanntheit des neuen Online-Shops in kurzer Zeit erhöhen können und sorgten damit indirekt für einige Neukunden im B2B-Bereich, wie zum Beispiel Veranstaltungszentren oder betreute Wohnheime. Dabei war eine der klaren Aussagen von Frau Grohe, dass der Online-Shop ohne die Unterstützung von Social Media nicht existieren würde. Ein weiteres positives Beispiel stellt der Dialog mit den B2B- und B2C-Kunden über die sozialen Netzwerke dar. So werden die Kunden regelmäßig an der Entwicklung der Produkte oder Designs der Produktverpackungen beteiligt. So wurden unter anderem mithilfe von Facebook über 2.300 Interessenten nach ihrer Meinung zu einer neuen Produktverpackung befragt.[113] Die Entscheidung der

[112] Vgl. http://www.fair-news.de/pressemitteilung-582593.html
[113] Vgl. https://www.facebook.com/KeksFreitag

Facebook-User wurde anschließend umgesetzt und zeigt, dass die Beziehung zwischen dem Unternehmen und seinen Kunden authentisch ist. Ein positiver Nebeneffekt ist, dass das Unternehmen Informationen über seine Zielgruppe erhält und Trends erkennen kann. Letztlich können unter Umständen sogar die Kosten für eine Werbeagentur minimiert oder eingespart werden. Wichtig ist Hans Freitag, dass die Beiträge für die B2B- und B2C-Kunden einen Mehrwert bieten sollen. Es wird dabei das Ziel verfolgt, dass die Kunden den Blog gerne besuchen. Ein Aufzwängen von Informationen soll dabei verhindert werden, daher sind Werbeaktionen, wie zum Beispiel Newsletter-Versand um den Traffic auf dem Blog zu erhöhen, ausgeschlossen. Seit der Nutzung von Social Media gab es auch Situationen, welche schwierig zu bewältigen waren. Im Sommer 2011 gab es den Vorwurf der Verbraucherzentrale in Hamburg, dass Hans Freitag Produkte in sogenannten Mogelverpackungen vertreibt. Dem Unternehmen wurde vorgeworfen, dass die Verpackung eines Produktes 47 Prozent Luft enthalte und dem Verbraucher so mehr Inhalt suggeriert werde, als er tatsächlich bekommt. Das Unternehmen reagierte innerhalb von 24 Stunden mit einer offensiven Stellungnahme über die Social Media-Plattformen und informierte die Kunden unter anderem mittels eines YouTube-Videos der Geschäftsführerin über das brisante Thema. In den folgenden Tagen wurde die Verpackung dieses Produktes verändert und der Dialog mit den Kunden zum Thema Mogelverpackungen weitergeführt. Letztlich zeigen die Kommentare der Beiträge auf dem Blog oder Facebook, dass den Kunden der Umgang mit dem Thema gefallen hat. Hans Freitag konnte somit die negativen Schlagzeilen abwenden und sogar positives Feedback für die Reaktion erhalten.[114] Aufgrund der positiven Erfahrungen mit Social Media Marketing wird Hans Freitag auch zukünftig den Mehrwert schätzen und die Aktivitäten auf Social Media-Plattformen noch weiter erhöhen.

Das Fallbeispiel zeigt, wie ein B2B-Unternehmen die Vorteile des Social Media Marketings ausnutzen kann und somit einen Mehrwert für das Unternehmen erzielen kann.

---

[114] Vgl. http://www.keksblog.com/neuigkeiten

4. Fazit

Die Analyse von B2B-Unternehmen zeigt, dass die Potenziale des Social Media Marketings in den letzten Jahren immer häufiger erkannt wurden. Eine Vielzahl an B2C-Unternehmen haben die Möglichkeiten demonstriert und B2B-Unternehmen haben erkannt, dass Social Media auch für das Investitionsgütermarketing einen ergänzenden Kommunikationskanal darstellen kann. Aufgrund der hohen Bedeutung der Reputation für B2B-Unternehmen und den bedeutenden Kundenbeziehungen können die Vorteile von Social Media Marketing im B2B-Bereich unter bestimmten Voraussetzungen sogar noch besser als im B2C-Bereich genutzt werden. Vergleicht man die Möglichkeiten und Grenzen des Social Media Marketings, überwiegen die positiven Aspekte. Unter der Voraussetzung, dass B2B-Unternehmen sich diesem neuem Kommunikationsmedium gegenüber öffnen und ihre Social Media Strategie und Ziele klar definieren, können einige der gennannten Grenzen überwunden und der Mehrwert von Social Media erkannt werden. In Deutschland haben einige B2B-Unternehmen diesen Schritt bereits gewagt und Social Media in der Kommunikationspolitik implementiert. „Man redet im Netz über sie. Mit Ihnen oder ohne sie – das allerdings ist lebensgefährlich."[115] Ein Großteil der Mitarbeiter in B2B-Unternehmen nutzt Social Media bereits und setzt sich die Entwicklung des Online-Marketings weiter so rasant fort, werden die Führungskräfte der Zukunft Social Media als Kommunikationskanal den traditionellen Kommunikationsinstrumenten vorziehen. Speziell in Branchen mit einer hohen Wettbewerbsintensität sollten B2B-Unternehmen die Möglichkeiten des Social Media Marketings für das eigene Unternehmen überprüfen und den Einsatz von Social Media nicht als Belastung, sondern als Chance betrachten.

[115] Pleil, T. (2010), S. 77

Literaturverzeichnis

Weinberg, T. (2000): Social Media Marketing: Strategien für Twitter, Facebook & Co., Köln

Pleil, T. (2010): Mehr Wert schaffen: Social Media in der B2B-Kommunikation, Darmstadt

Bodnar, K. / Cohen, L. (2012): The B2B Social Media Book: Become a Marketing Superstar by Generating Leads with Blogging, LinkedIn, Twitter, Facebook, Email, and More, New Jersey

Gillin, P. / Schwartzman, E. (2011): Social Marketing to the Business Customer: Listen to Your B2B Market, Generate Major Account Leads, and Build Client Relationships

Verzeichnis der Studien

Lachenmaier, S (2009): Webnutzung deutscher B2B Entscheider, http://www.virtual-identity.com/de/geschaeftsfelder/

Hand, K. (2010): How B2B Marketers are Finding Success Integrating Social Media & Search Marketing, http://www.business.com/info/social-media-search-integration

Internet-Quellen

http://www.markenkunde.de/2009/10/28/was-ist-social-media-definition-offiziell/

http://www.zdnet.de/41559492/studie-weltweit-nutzen-2-1-milliarden-menschen-das-internet/

http://gplusproject.appspot.com/static/de.html

http://www.bitkom.org/de/presse/8477_71745.aspx

http://www.socialmediastatistik.de/twitter-hat-jetzt-mehr-als-500-millionen-nutzer/

http://blog.wiwo.de/look-at-it/2012/06/26/twitter-startet-aufholjagd-in-deutschland-plus-37-prozent-binnen-eines-jahrs/

http://t3n.de/news/facebook-google-trotz-twitter-397414/

http://www.socialmediastatistik.de/250-mio-nutzer-bei-google-plus-75-mio-sind-taglich-aktiv/

http://blog.wiwo.de/look-at-it/2012/06/26/twitter-startet-aufholjagd-in-deutschland-plus-37-prozent-binnen-eines-jahrs/

http://www.spiegel.de/wirtschaft/unternehmen/netzwerk-linkedin-steigert-umsatz-a-847982.html

http://linkedinsiders.wordpress.com/2012/04/22/linkedin-in-deutschland-april-2012/

http://www.futurebiz.de/artikel/dustere-aussichten-soziale-netzwerke-deutschland/

http://www.bitkom.org/71219_71209.aspx

http://linkedinsiders.wordpress.com/2012/05/09/herr-vollmoller-ubernehmen-sie-xing-vs-linkedin-2012/

http://de.statista.com/statistik/daten/studie/173771/umfrage/besucherzahlen-sozialer-netzwerke-in-deutschland/

http://www.spiegel.de/netzwelt/web/facebook-quartalsbericht-955-millionen-nutzer-im-jahr-2012-a-847809.html

http://www.welt.de/print/welt_kompakt/article106165692/StudiVZ-will-mit-Relaunch-neue-Nutzer-gewinnen.html

http://www.netzideen-gmbh.de/blog/pinterest-nutzerrueckgang/

http://blog.instagram.com/post/28067043504/the-instagram-community-hits-80-million-users

http://www.socialmediastatistik.de/pinterest-visits-deutschland-apr

http://www.gruppenwissen.de/wissen/videoportale-im-mai-2012/

http://www.youtube.com/t/press_statistics

http://www.welt.de/wirtschaft/webwelt/article106165835/Facebook-kauft-Minifirma-fuer-eine-Milliarde-Dollar.html

http://www.knallgrau.tv/stories/mark-zuckerberg-ueber-die-anfaenge-von-facebook

http://www.futurebiz.de/artikel/1-mrd-facebook-nutzer-im-august

http://www.top100.de/wer-wir-sind/organisation/index.html

http://www.pressebox.de/pressemeldungen/siemens-enterprise-communications-gmbh-co-kg/boxid/241509

http://www.ifok.de/uploads/media/IFOK_Pluspunkt_SocialMedia_HR.pdf

http://www.duden.de/rechtschreibung/Shitstorm

http://lumma.de/2012/08/08/shitstorms-sind-voellig-egal/

http://www.focus.de/digital/internet/facebook/tid-26833/shitstorm-im-online-netzwerk-facebook-wutwelle-trifft-mcdonalds_aid_795810.html

https://www.facebook.com/vodafoneDE

http://kaithrun.de/der-gekaufte-shitstorm/

http://www.kickstarter.com/projects/ouya/ouya-a-new-kind-of-video-game-console

http://www.amrinternational.com/reports/b2b_online_marketing_in_the_united_states_assessment_and_forecast_to_2013

https://www.xing.com/advertise

https://www.xing.com/companies/contract/select_package

https://www.xing.com/app/billing?op=premium_overview;reagent=uplt_98

http://www.wlw.de/start/wlw_dach/DE/de/index.html

http://www.smo14.de/2011/04/09/dell-dialogstrategie-fur-social-media-review-respond-record-redirect/

http://www.ignitesocialmedia.com/conferences/dell-and-social-media-how-the-four-rs-help-manage-25000-conversations-a-day/

http://www.slideshare.net/conceptbakery.de/social-media-marketing-sucess-stories

https://www.facebook.com/DellDeutschland

https://twitter.com/DellHilft

http://www.sirona.com/de/

http://www.ishpc.de/2011/10/11/social-media-roi-die-suche-nach-der-%C2%BBweltformel%C2%AB/

http://www.keksblog.com/

http://www.hans-freitag.de/welcome

http://www.fair-news.de/pressemitteilung-582593.html

https://www.facebook.com/KeksFreitag

http://www.keksblog.com/neuigkeiten/mogelpackung-ade-volumen-um-25-reduziert/

Umfrage

Möglichkeiten und Grenzen des Social Media Marketings auf Business-to-Business-Märkten

Frage 1: Bitte beurteilen Sie die Nützlichkeit der folgenden Tools bei der Internetrecherche!
(Social Media-Plattformen = z.B. Facebook, Twitter, YouTube u.a.)
1= hohe Nützlichkeit
5 = geringe Nützlichkeit

264 Teilnehmer

Online-Fachzeitschriften	15	61	71	35	19	**2,91** (585 / 201 Antworten)
Social Media-Plattformen	25	50	37	57	38	**3,16** (654 / 207 Antworten)
Herstellerseiten	6	64	62	57	11	**3,02** (603 / 200 Antworten)
Suchmaschinen	211	21	10	4	2	**1,25** (309 / 248 Antworten)
Lieferantenverzeichnisse	7	12	20	38	120	**4,28** (843 / 197 Antworten)

Frage 2: Seit wann nutzen Sie soziale Netzwerke?
(soziale Netzwerke = z.B. Facebook, Twitter, Xing u.a.)

350 Teilnehmer

seit mehr als 5 Jahren	155
seit mehr als 3 Jahren	121
seit mehr als 1 Jahr	65
Ich nutze keine sozialen Netzwerke	9

Frage 3: Welche sozialen Netzwerke nutzen Sie und in welchem Bereich?

341 Teilnehmer

	privat	beruflich	privat und beruflich	keine Nutzung
Facebook	203	9	101	21
Google+	46	30	52	183
LinkedIn	4	48	17	230
Twitter	33	30	27	213
VZ-Netz	55	0	1	245
Xing	9	99	76	127
YouTube	211	12	64	42
Sonstige	14	3	6	0

Frage 4: Sind Sie aktuell in einem Unternehmen beschäftigt?

350 Teilnehmer

Ja	266
Nein	84

Frage 5: Unter welcher Kategorie lässt sich Ihr Unternehmen einordnen?
(B2C = Business-to-Customer: Handels- und Kommunikationsbeziehungen zwischen Unternehmen und Privatpersonen / Konsumenten
B2B = Business-to-Business: Handels- und Kommunikationsbeziehungen zwischen mindestens zwei Unternehmen)

264 Teilnehmer

B2C-Geschäftsbeziehungen	57
B2B-Geschäftsbeziehungen	123
B2C- und B2B-Geschäftsbeziehungen	84

Frage 6: Ist Ihr Unternehmen bereits auf Social Media-Plattformen vertreten?

267 Teilnehmer

Ja	151
Nein	99
Nein, aber eine Nutzung ist in Planung	17

Frage 7: Auf welchen Social Media-Plattformen präsentiert sich Ihr Unternehmen?

150 Teilnehmer

Eigener Blog	46
Facebook	135
Google+	34
LinkedIn	22
Twitter	62
VZ-Netzwerke	1
Xing	72
YouTube	54
Sonstige	5

Frage 8: Seit wann präsentiert sich Ihr Unternehmen auf Social Media-Plattformen?

150 Teilnehmer

seit über 5 Jahren	18
seit über 3 Jahren	29
seit über 1 Jahr	55
seit weniger als 1 Jahr	30
keine Angabe	18

Frage 9: Für welche Aktivitäten nutzen Sie Social Media-Plattformen im Berufsalltag?

206 Teilnehmer

	Facebook	Google+	LinkedIn	Twitter	VZ-Netzwerke	Xing	YouTube
Lieferantensuche	12	33	10	3	2	39	4
Infomationsbesch.	66	53	23	26	2	81	36
Neukundenakquise	50	29	18	20	0	71	12
Intern.Kommunikation	56	8	4	8	0	23	5
Bestandskundenpflege	49	19	14	18	0	53	12
Werbebotschaften	72	23	13	30	1	47	23
Fachdiskussionen	39	13	15	12	0	75	4
Teilen von Inhalten	100	34	18	39	1	51	29
Personalrecruiting	37	13	16	13	1	66	4

Frage 10: Wieviel Zeit verbringen Sie während ihres Arbeitstages **beruflich** auf Social Media-Plattformen?

239 Teilnehmer

weniger als 30 Minuten	124
30-60 Minuten	29
ca. 1 Stunde	18
ca. 2 Stunden	13
ca. 3 Stunden	7
ca. 4 Stunden	11
mehr als 4 Stunden	10
keine Angabe	27

Frage 11: Erlaubt Ihr Arbeitgeber die Nutzung von Social Media-Plattformen während der Arbeitszeit?

266 Teilnehmer

Ja	134
Nein	77
keine Angabe	55

Frage 12: In welchem Bereich lässt sich Ihre aktuelle Tätigkeit einordnen?

265 Teilnehmer

Vertrieb	92
Marketing	79
Einkauf	17
Logistik	29
Controlling	9
Geschäftsführung	30
Personal	26
Azubi / Student / Praktikant	41
Andere	55

Frage 13: Welche Argumente sprechen Ihrer Meinung nach gegen die Nutzung von Social Media im Berufsalltag?

347 Teilnehmer

zu hohe Kosten	8
fehlendes Know-How bei den Mitarbeitern	102
Eingriff in die Privatssphäre	149
hoher Betreuungsaufwand / Arbeitszeitverlust	130
für manche Produkte oder Branchen ungeeignet	167
drohender Kontrollverlust	136
Sonstige	21
keine Argumente sprechen gegen die Nutzung von Social Media	46

Frage 14: Glauben Sie das Social Media in Zukunft einen bedeutenden Anteil in der Kommunikationspolitik einnehmen wird?

348 Teilnehmer

Ja, Social Media wird die klassischen Kommunikationskanäle (z.B. Zeitung, Fernsehen, Plakate) **vollständig ersetzen**	23
Ja, Social Media wird die klassischen Kommunikationskanäle (z.B. Zeitung, Fernsehen, Plakate) **ergänzen**	311
Nein, Social Media ist nur eine kurzfristige Erscheinung und wird in Zukunft keine Rolle spielen	14

Frage 15: Bewerten Sie Ihre persönlichen Social Media-Kenntnisse auf einer Skala von 1-5!
1 = keine Kenntnisse
2 = wenige Kenntnisse
3 = durchschnittliche Kenntnisse
4 = gute Kenntnisse
5 = Social Media Experte

349 Teilnehmer

	1	2	3	4	5	Durchschnitt	keine Einschätzung
Social Media-Kompetenz	3	40	121	129	48	**3,52** (1202 / 341 Antworten)	8

Frage 16: Bitte wählen Sie Ihren Altersbereich aus!

349 Teilnehmer

< 20 Jahre	36
20-30 Jahre	173
30-40 Jahre	77
40-50 Jahre	41
50-60 Jahre	17
> 60 Jahre	5

Autorenprofil

Timo Stumpenhagen, geboren 1987 in Hamburg, schloss 2008 seine Ausbildung zum Kaufmann im Groß- und Außenhandel in einem DAX 30-Industriekonzern ab. Derzeit arbeitet er in einem mittelständischen Unternehmen als Gebietsverkaufsleiter Norddeutschland in Hamburg. Parallel zu seiner beruflichen Laufbahn absolvierte er 2012 nebenberuflich den Studienabschluss Bachelor of Arts im Studiengang Betriebswirtschaftslehre mit dem Schwerpunkten Marketing und Vertrieb an der Hessischen Berufsakademie. Aufgrund der Spezialisierung im Bereich Marketing während des Studiums entwickelte der Autor ein besonderes Interesse an dem Schwerpunkt Social Media Marketing.